商业插画实战
iPad Art Set 基础实用教程

白春天 著/绘

人民邮电出版社
北 京

图书在版编目（ＣＩＰ）数据

商业插画实战：iPad Art Set基础实用教程 / 白春天著、绘. -- 北京：人民邮电出版社，2022.11
ISBN 978-7-115-59042-8

Ⅰ．①商… Ⅱ．①白… Ⅲ．①图像处理软件 Ⅳ.①TP391.413

中国版本图书馆CIP数据核字(2022)第052920号

内 容 提 要

适合iPad绘画的软件众多，本书则选择其中在肌理方面表现显著的Art Set作为主题进行细致讲解。

本书共6章，分别介绍了Art Set软件、软件使用基本技巧、油画与Art Set对其的实现、不同材质的练习、背景练习、综合组合练习等内容，最后是通过以上内容的学习，画出自己的作品。本书中的案例着重对肌理和光源进行了分析，并且分步骤详细展示了软件应用及绘画方法，将软件的应用与案例很好地结合在一起。

本书适合iPad绘画爱好者，尤其是想要学习Art Set的读者阅读。

◆ 著 / 绘　白春天
　　责任编辑　董雪南
　　责任印制　周昇亮

◆ 人民邮电出版社出版发行　　北京市丰台区成寿寺路 11 号
　邮编　100164　　电子邮件　315@ptpress.com.cn
　网址　https://www.ptpress.com.cn
　天津图文方嘉印刷有限公司印刷

◆ 开本：787×1092　1/20
　印张：7.4　　　　　　　　　2022 年 11 月第 1 版
　字数：178 千字　　　　　　2022 年 11 月天津第 1 次印刷

定价：69.80 元

读者服务热线：(010)81055296　印装质量热线：(010)81055316
反盗版热线：(010)81055315
广告经营许可证：京东市监广登字 20170147 号

目录
Contents

第1章

基础知识

这一章，主要介绍三大部分的内容：

第一部分围绕Art Set，详细介绍软件基础功能、常用笔刷以及画笔参数等；

第二部分围绕绘画的基本原则展开，包括构图原则、色彩知识等；

第三部分展示Art Set中与传统油画笔法相对应的笔刷的设置与画法，并结合基础形体进行规律总结。

基础功能

常用工具

常用笔刷

画笔参数

构图原则

色彩知识

绘画技法

上色规律

一、基础功能

点击 ❷ 可以查看软件使用说明，里面详细地介绍了每一种工具的具体操作。但由于使用介绍为全英文版，读起来会比较费劲，所以书中整理出了大部分工具的中文注解以及常用画笔的具体介绍。

新建画布，可以选择不同精度的画面尺寸，但一般来说，4M选项足以满足日常绘画的需求。

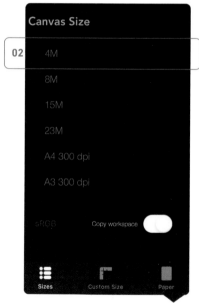

返回	帮助	删除历史	

| 复制粘贴 | 分享 | 删除 | 导入 | 新建 |

Layers	图层	
Eye Dropper	吸色	
Flood Fill	填充颜色	
Slow Draw	画笔放慢	
Mask	遮罩	
UI Dark/Light	前景灯开关	

Move	移动	
Cut & Paste	剪切	
Dry	吹干	
Erase	橡皮	
Alpha Lock	剪贴蒙版	
Clear	删除	

Brightness	亮度	
Hue	色调	
Invert	颜色反转	
Recolor	重新选色	

Blur	虚化	
Contrast	对比度	
Saturation	饱和度	
Threshold	阈值	

Circle	圆形	
Square	正方形	
Echo	同心圆	

Line	直线	
Ellipse	椭圆形	
Rectangle	方形	
Symmetry	对称	

Brush Opacity	画笔不透明度	
Brush Grain	画笔颗粒度	

Brush Size	画笔大小	
Brush Flow	画笔流量	
Brush Load	画笔蘸取量	

Art Set 中工具列表依次为：

**编辑类工具、形状类工具、图片色彩
工具、笔刷调节工具。**

在面板最下端 ⊙ 中查看与选用工具。

二、常用工具

日常绘画时常用的工具以及放置顺序，如下图所示。

选择工具： 在最下部列表的 ⊕ 中，查看所有工具，点击即可使用。

取消工具： 长按并拖出工作栏区域，所选工具便消失在画布面板中。

画笔大小调节Brush Size

图层

查看图层分层情况；调节图层上下顺序。

填充颜色

可在绘制区域一键填充颜色。

色调

滑动滑块，整体改变该图层画面的色调。

圆形

可用于绘制圆形。

椭圆形

可用于绘制椭圆形。

直线

可用于绘制直线。

展开更多

通过点击，可展开更多选项。

移动

选择图层后，可移动整个图层。

 删除

快速清空当前图层中的所有内容。

 前景灯开关

前景灯开关。（不同背景颜色在一定
程度上会影响画面的视觉感受。）

 吸色

快速吸取画面颜色。

 剪切

用于改变同一图层物体的位置。

 剪贴蒙版

打开此工具后，所绘制的颜色不会
超出已绘制颜色边缘。（同一图层中）

关闭 打开

三、常用笔刷

Oil Paint（粗）

用途：平涂、叠涂、融合等
都可以用这支笔完成。

Emboss

用途：绘制冰激凌、奶油等纹
理质感。

Oil Smear

用途：融合颜色；绘制竖状纹理；
提亮高光等。

刮刀

用途：大面积上色；背景铺色。

Oil Paint（细）

用途：快速交换颜色、修补细节、处理
肌理等。

Tissue Blender

用途：擦笔迹、融合颜色；绘制冰块融
化、气泡等纹理。

Pencil

用途：勾勒草图；补充细节。

橡皮

用途；修改笔迹；修正细节。

Pencil

勾勒草图，
添加细节

Emboss

绘制奶油、冰激凌
纹理

Tissue Blender

绘制冰块融化
纹理

Oil Smear

擦拭高光、
融合色彩

橡皮

修饰形状

Oil Paint（细）

绘制蛋糕
纹理

Oil Paint（粗）

基础铺色、叠加同色系颜色

四、画笔参数

Oil Paint 是本书主要使用的画笔，通过调节不同的参数，从而实现不同的纹理效果。右侧展示了不同参数下的纹理表现。

通常情况下，较常调节的就是 Size 参数，通过调节画笔粗细，表现不同细致度。

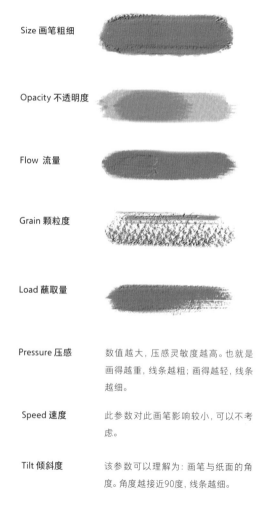

Size 画笔粗细	
Opacity 不透明度	
Flow 流量	
Grain 颗粒度	
Load 蘸取量	
Pressure 压感	数值越大，压感灵敏度越高。也就是画得越重，线条越粗；画得越轻，线条越细。
Speed 速度	此参数对此画笔影响较小，可以不考虑。
Tilt 倾斜度	该参数可以理解为：画笔与纸面的角度。角度越接近90度，线条越细。

五、构图原则

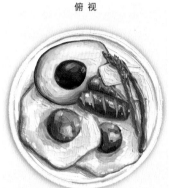

俯视

斜视

常用视角与构图

将食物绘画常用视角简单分为两大类：俯视与斜视。

俯视

俯视视角与桌面角度等于或约等于90度；此视角常用于绘制内容较多、物体较扁平等对象，如火锅、果盘等。

斜视

斜视视角与桌面角度较小或约等于0度；此视角常用于绘制有一定高度且垂直面上内容丰富的对象，如奶茶、蛋糕等。

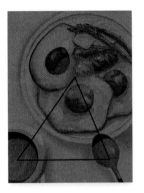

三角构图

三角构图具有画面均衡但不失灵活的特点。在食物绘画中，常将一个角作为画面主视觉；其余两个角用细小物件作为点缀，从而平衡画面。

对角线构图

在对角线构图下，画面有一定延伸感与立体感；在食物画面表现中，有两个物体时，常会采用此构图方法；可突出主体，同时也可表现另一个物体的细节。

中心线构图

中心线构图使画面主体突出且左右平衡；常通过背景、文字等方式增强画面的层次感。

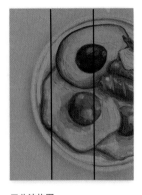

三分法构图

三分法构图也称作黄金分割的简版构图，相比中心线构图更加灵活。

在画面表现中，空白部分可以稍添加细节或文字，使画面更加平衡。

六、色彩知识

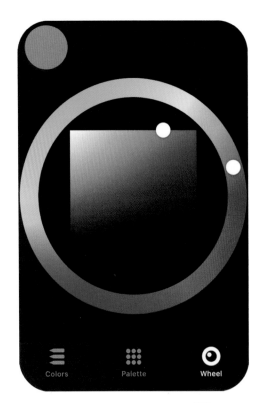

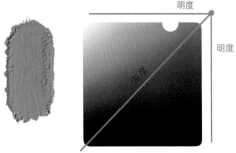

明度

灰度

01 \
色彩基础

色相

色相就是在色环上可以直接分辨出的颜色特性，是颜色的首要特性。

明度

可以将明度通俗地理解成，这个颜色加了多少白色颜料、加了多少黑色颜料。Art Set调色块中明度即水平与垂直两条线的范围，如左下图所示。

灰度

灰度可称为饱和度，也可简单理解为颜色中添加了多少灰色颜料。

02 \
色彩搭配

单色系搭配

同一色相中，调节明度与灰度即可调出单色系颜色；颜色的搭配规律且耐看。

同色系/类似色搭配

在色相色环上，可以把同色系/类似色简单理解为间隔30°的两种颜色的搭配。

邻近色/中差色搭配

可将邻近色/中差色理解为间隔90°的几种颜色的搭配；其视觉层次较为丰富，有一定视觉冲击力。

对比色搭配

可将对比色理解为间隔120°的几种颜色的搭配；其具有视觉冲击力强、画面张力足等特点。

互补色搭配

可将互补色理解为间隔180°的2~3种颜色的搭配；其视觉冲击力更强，通常用于点缀画面。

中性色搭配

将中性色（或彩度接近0的颜色）与1~2种颜色进行搭配，具有突出主体的作用。

日常积累

收集平日自己觉得美好的瞬间（可以是日常的照片、名画等）；导入画布中提取颜色，制作成色卡；通过日常的积累，对色彩的感知度就会有所提升。

七、绘画技法

在传统的油画里，我们通常使用不同的笔法来满足对不同纹理表现的需求；那么将传统油画转变为 Art Set 时，有对应的不同笔刷与参数来满足软件绘画时的需求。

以下归纳了 8 种笔法（涂、扫、线、擦、刷、点、摆、揉），分别介绍相对应的笔刷参数、使用场景以及画笔特点。

涂

使用场景： 常用于上第一遍固有色时，大面积上色或融合颜色前的铺色。

特点： 颜料较薄、一笔涂完。

所用工具

扫

使用场景： 常用于融合相邻的两种色块；深色向浅色融合，会产生不一样的纹理效果，增加画面的丰富度。

特点： 颜料薄、有纹理感。

所用工具

线

使用场景： 常用于细节处理、高光绘制以及直线的绘制。

特点： 细线、粗线、曲线等多场景使用。

所用工具

擦

使用场景： 常用于擦拭高光、绘制物体的反光等。

特点： 颜料薄 、颜料蘸取少，尾部无颜色。

所用工具

刷

参考笔刷参数

使用场景: 常用于绘制玻璃表面,表现玻璃上环境色的反光。与扫不同的是,刷需要再新建一个图层来绘制。

特点: 颜料薄且有透明感。

所用工具 Oil Smear
Oil Smear

点

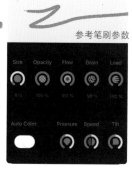

参考笔刷参数

使用场景: 常用于最后丰富画面的细节,如"撒"芝麻、绘制草莓籽等步骤。也可以使用【铅笔】工具来完成。

特点: 绘制的点大小不一,不规则。

所用工具 Oil Paint

摆

参考笔刷参数

使用场景: 画笔笔触纹理感强,常用于肌理纹理塑造、形体塑造等。

特点: 颜料厚、覆盖力强。

所用工具 Oil Paint

Pressure:100   Pressure:0

注意: 此时画笔压感(Pressure)参数可调节为0,画笔的笔触两端大小相同,画面铺色会更加规整。

揉

参考笔刷参数

使用场景: 常用于融合相邻的两种色块:浅色色块向深色色块平涂过渡,在融合时注意用笔的方向。

特点: 颜料较薄、与涂连用。

所用工具  Oil Paint

注意: 在融合过渡不自然时,可吸取过渡色向色块两边过渡;或通过适当减小Grain值,从而达到自然过渡的目的。

除了以上传统油画的笔法沿用，在 Art Set 中，也有一些特殊的方式来处理画面。

擦笔融合

使用场景：常用于融合相邻的两种色块;产生特殊纹理效果，常用于气泡、冰块融化的纹理的表现。

特点：颜料极薄。

所用工具

加深暗部对比度

使用场景：用于画面结束时，对暗部灰度的加深;正确使用可以使画面更富有对比度、更加立体。

特点：不改变纹理效果，只有色彩对比度的变化。

所用工具 Callgraphy Smooth

增加/减少画笔笔触纹理

用擦笔工具在颜色厚重处以及笔触感明显处进行平涂便可得到色彩浅且均匀的色块。

所用工具

1.吸取需要增加笔触色块的颜色。

2.调小画笔Grain参数值，并在需要增加笔触的部分平涂。

所用工具

八、上色规律

01 \

色彩明暗关系

当物体受到光照射时，光的照射角度不同会使物体呈现不同的颜色。

A处：离光源最近，直接受光，形成一个比原本固有色更亮的面，即**亮面**。

C处：几乎不受光源影响，由此形成**暗面**。

B处：亮面与暗面之间，称作**灰面**。

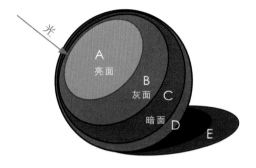

02 \

物体色彩形成

物体表面色彩形成主要取决于三个方面：**光源的颜色、物体本身的颜色、环境影响物体的颜色**。

光源色：某一种光线照射在物体上所呈现的颜色，如太阳光、烛光等。在本书中，大部分案例为太阳光。

固有色：在正常照射下，物体本身具有的色彩，如红苹果的红色、橘色球的橘色。

环境色：物体受到周围环境颜色的影响而产生的色彩变化。

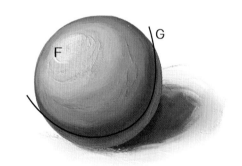

03 \

五大调子

高光：亮面中受光最强的区域，即F。

明暗交界线：受光面与暗面之间形成的一条线，即G。

投影：被物体遮挡后地面上形成的阴影，不受光源影响，与暗面同侧，即E。

反光：环境给物体带来的颜色，与物体材质以及环境色有关，即D。

灰面：亮面与明暗交界线之间的区域；也可理解为明暗交界线的虚面，常作为固有色上色。

高光：光源色

亮面：固有色提亮+光源色

灰面：固有色

明暗交界线：固有色加深

暗面：固有色加深+环境色

反光：环境色提亮+固有色

投影：固有色加深+环境色

04 \
球体上色规律

1. 新建图层"线稿",用辅助工具画出圆形并勾出亮面、暗面、灰面的分界线。

2. 新建图层"圆球",用涂的笔法快速为圆球填色。

所用工具　　　

3. 新建图层"取色盘",以固有色为基础,对五大调子三大面的颜色做一个基本的颜色规划。

4. 回到"圆球"图层,点击【剪贴蒙版】工具;按照步骤1勾画的分界线,吸取"取色盘"中的颜色依次铺色。(注意:**铺色均在"圆球"图层中完成,以方便颜色过渡融合。**)

所用工具　　　

取色盘

5. 铺完色后,会发现每个色块之间过渡不柔和,这时通常调节Oil Paint画笔参数中的Grain值以及Size值,在过渡不柔和处用揉的方式融合色块颜色。(注意:**此时画笔选取颜色应是需过渡的两色块中的一种颜色;可反复吸取颜色,进行过渡融合。**)

所用工具

6. 用Oil Smear画笔再次进行融合过渡并用画笔将明暗交界线
   修饰自然。（**注意: 明暗交界线中间实、两边虚。**）

7. 选取白色在高光处提亮。

8. 新建图层 "投影"，画出投影的形状并进行颜色过渡。
   （**注意: 投影颜色整体暗于球体颜色。**）

所用工具　　

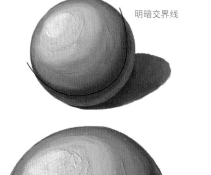

明暗交界线

9. 弱化投影边缘，吸取白色，用Oil Smear画笔将边缘过渡
   自然。

所用工具　

05 \

正方体上色规律

日常生活中的物体，大多可以看作是由球体、圆柱体、正方体这几
个基本几何体通过切割、组合、变形等方式得来的; 所以上色时，
只要能掌握这些几何体的基本规律，便可举一反三分析出不同物
体的上色规律。

三棱柱: 由正方体沿对角线切割而来，故遵循正方体的上色规律。

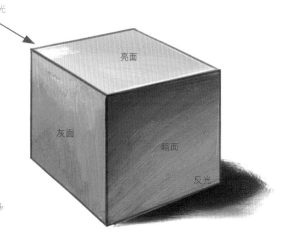

光

亮面

灰面

暗面

反光

光

亮面

亮面

灰面

暗面

明暗交界线

反光

投影

06 \
圆柱体上色规律

给圆柱体上色时依旧遵循五大调子、三大面的规律，只要分析好圆柱体的受光区域，便可绘制多种场景下的圆柱体。

07 \
组合形体——蛋糕切块

比如常见的蛋糕切块，可以将其看作由三棱柱与圆柱体所组成。上色时，需要结合两者共同的规律。

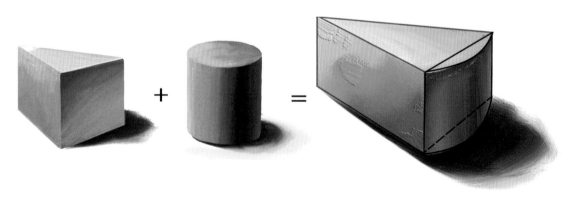

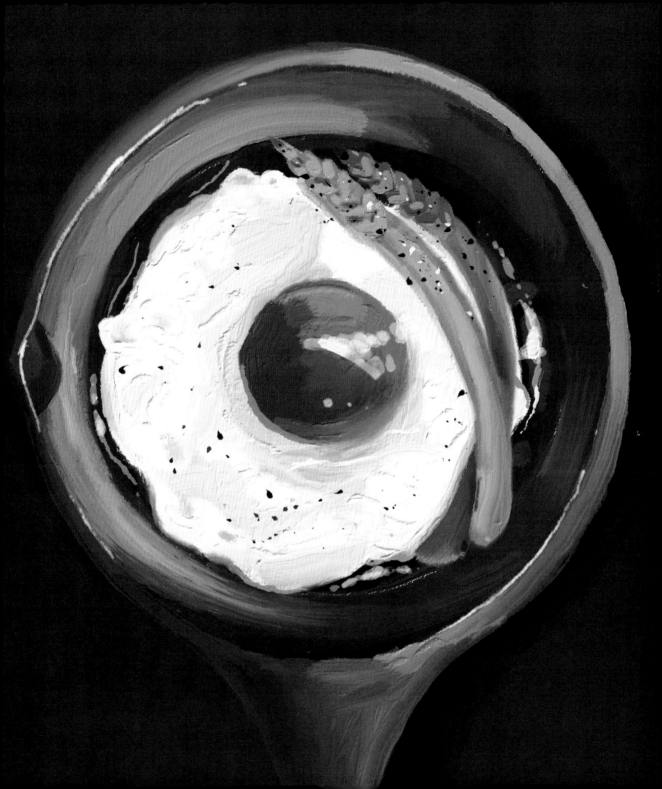

第2章

几种食物

日常生活中的食物，也可以看作是由基本几何体变形而来的，所以我们只要掌握第1章介绍过的上色规律，就可以画出各种食物。在这一章中，将以生活中几种常见的食物为例，介绍它们的结构特点、上色规律以及绘制技巧等。

樱桃

桃子

草莓与蓝莓

碱水面包

夹心面包

牛油果

煎鸡蛋

彩椒烤肉串

一、樱桃

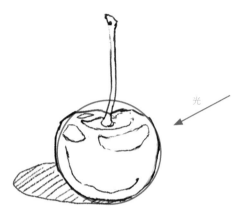

涂

01 \

画面解析

1. 樱桃形态以球体为主；上色时，结合球体的上色规律即可。

2. 起形时，借助【圆形】工具确定基本位置与形状，再细化樱桃具体形态。

所用工具

02 \

基础铺色

1.新建三个图层："樱桃""樱桃秆""投影"。

2.用涂的笔法在相应图层中画出色块。用深红色在"樱桃"图层中添加暗面。

所用工具

03 \

提亮加深

1.用亮橘色继续在"樱桃"图层中画出亮面。

2.选取粉色过渡樱桃亮面与暗面；樱桃颜色的规划如下图。

3.隐藏线稿。

樱桃 ● ● ● ●

摆

04 \
投影细节

1.在"投影"图层中画出投影的暗面，越接近樱桃颜色越深且受到樱桃的环境色的影响越大。

2.在"樱桃秆"图层中加上秆的暗部。

所用工具

05 \
颜色过渡

1.用摆的笔法，按色阶依次过渡亮暗面。

2.选取浅粉色，用线的笔法提亮樱桃顶部亮面。

所用工具

06 \
完善细节

1.在"投影"图层中加深暗部，用扫的笔法融合并虚化投影边缘。

2.在"樱桃秆"图层中，提亮秆的亮部；加深底部的深色部分。

所用工具

图层参考

二、桃子

01 \

画面解析

1. 桃子的形态以球体为主，可将桃子看作两个挨着的球体；按照球体上色规律铺色即可。切块的桃子部分，由于角度因素，可以当作一个平面来上色。

2. 起形时，借助【圆形】工具确定基本位置，再细化桃子具体形状。

所用工具　

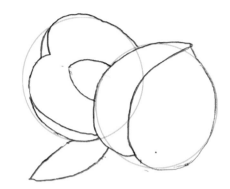

02 \

给桃子铺色

1. 新建图层"取色盘"，结合物体与光影亮暗面，为画面做一个大致的颜色规划。

2. 确定光源位置（左上方），新建图层"桃子皮"与"桃子肉"；用摆的笔法，在两个图层中画出桃子颜色的变化。

桃子　

光

摆

03 \

完善底色

1. 新建图层"叶子"与"桃核"，即一个单体一个图层。

2. 根据亮面与暗面的关系，画出光影色块位置，取色参考如下。

叶子
与核

桃核周围的粉色果肉

桃子的中心线

叶子上的投影

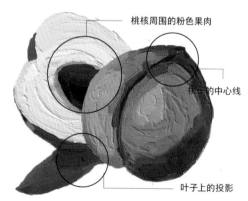

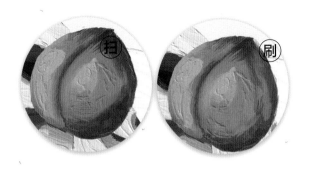

04 \
完善桃子纹理

1. 使用 Oil Smear画笔沿桃子中心线用扫的笔法融合色块。

2. 新建图层"桃子皮纹理",吸取黄色,在桃子边缘处用刷的笔法画上不规则分布的纹理。

3. 使用Oil Smear画笔在"桃子切块"图层的红色部分呈放射状向外扫出线条。

所用工具　 　

05 \
完善叶片与桃核

1. 完善画面,在桃子受光处可用适量白色提亮整体果肉。

2. 使用【橡皮】工具修整叶子的形状。

3. 新建图层"叶子脉络",用【铅笔】工具吸取浅绿色,轻轻勾出叶子的脉络。

4. 在"桃核"图层中,用深褐色在桃核亮面画出短曲线。

5. 在部分暗面短曲线上加入浅褐色高光,部分亮面短曲线上加入白色高光。

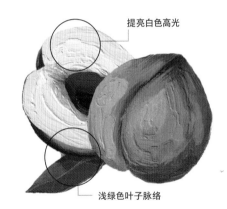

提亮白色高光

浅绿色叶子脉络

三、草莓与蓝莓

光

01 \
画面解析

可将草莓的大形看作球体与圆锥的组合；可用辅助工具确定好位置，再细描具体细节。

所用工具

02 \
光影解析

新建图层"取色盘"，结合物体与光影亮暗面，为画面做一个大致的颜色规划。

草莓与蓝莓

03 \
光影铺色

新建图层"草莓1""草莓2""草莓3""蓝莓1""蓝莓2"，即一个单体一个图层。

所用工具

04 \

过渡修整

1. 基本铺色完成之后，由于草莓切开部分的白色与红色色块之间，可能出现过渡不自然的情况，我们可以采用揉的笔法，将两色块融合过渡。

2. 蓝莓铺色参考球体上色规律。

3. 隐藏线稿，用【橡皮】工具修整边缘。

所用工具

亮面高光表现

05 \

绘制草莓籽

草莓籽是整幅画的点睛之笔，也是画草莓的难点。

【草莓籽难点解析】

将草莓籽上色拆分为：高光＋籽。

高光：亮面形状大多数为半圆、四分之三圆环。

籽：亮面为土黄色，不规则分布；背光面为深褐色，不规则分布。

06 \

完善画面

1. 蓝莓高光可以不用纯白色，选取偏白的灰蓝色点涂即可。

2. 增强草莓纹理感。调小Oil Paint画笔尺寸，用点的笔法，增强画面笔触。（增强画面笔触的方法在第1章的"绘画技法"中有重点介绍）。

所用工具

四、碱水面包

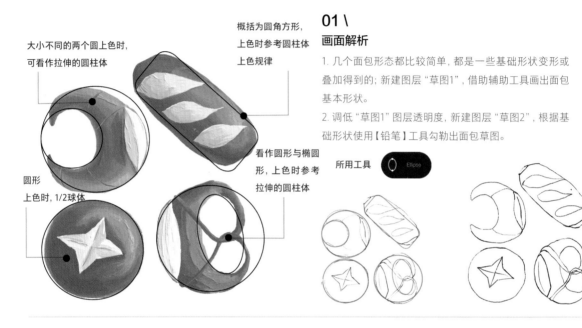

大小不同的两个圆上色时,
可看作拉伸的圆柱体

概括为圆角方形,
上色时参考圆柱体
上色规律

圆形
上色时,1/2球体

看作圆形与椭圆
形,上色时参考
拉伸的圆柱体

01 \
画面解析

1. 几个面包形态都比较简单,都是一些基础形状变形或叠加得到的;新建图层"草图1",借助辅助工具画出面包基本形状。

2. 调低"草图1"图层透明度,新建图层"草图2",根据基础形状使用【铅笔】工具勾勒出面包草图。

所用工具 ⬭ Ellipse

02 \
光影解析

1. 新建图层"取色盘",结合物体与光影亮暗面,为画面做一个大致的颜色规划。

2. 新建4个图层,即每个面包一个图层。

3. 用涂的笔法,快速给每一个面包单色上色;确定光源位置后,用摆的笔法,画出每个面包的亮暗面。

所用工具

面包

03 \

色彩融合

1. 用揉的笔法融合每个面包色块过渡不和谐的地方。在这里要注意，融合的笔触方向应与每个面包的形态相一致。比如：月牙形的面包，融合时笔触方向也应该是月牙弧形曲线，如左图箭头所示。

2. 新建4个图层，分别为每个面包的裂开部分。

3. 吸取浅棕色，并用单色快速铺出各图层中面包裂开部分的颜色。

所用工具

面包里

04 \

色彩融合

根据不同光源位置，在"面包裂缝"图层中添加暗面或亮面。这里需要注意的是，防止上色时超出原有的边界，可开启【剪贴蒙版】工具辅助上色。

所用工具

【光影难点解析】

此处光影的绘制是这个案例中的难点，具体为以下两个步骤。

1. 确定光源方向（右侧），圆柱体的右侧面皆为亮面。

2. 每一次转弯点，亮暗面都会发生改变，所以给转弯点上色时，需重新分析光影关系。

五、夹心面包

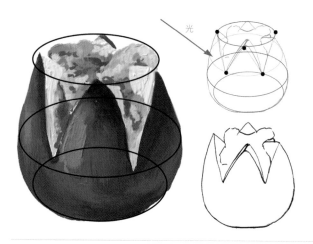

光

01 \
画面解析

1. 画面包线稿时，可将其看作变形的圆柱体，在"草图1"图层中通过椭圆形的排列确定出面包的形态。
2. 调低"草图1"图层透明度，新建图层"草图2"，根据基础形状使用【铅笔】工具勾勒出面包草图。其中面包开裂的位置，可先根据椭圆形对称找点后，再依次连接各端点，如左图所示。

所用工具

02 \
上色与融合

1. 先在"取色盘"图层中做好颜色规划；新建图层"面包外"，吸取固有色，用涂的笔法快速铺色。
2. 确定好光源位置后（左上方），用摆的笔法画出亮暗面。
3. 可用揉的笔法融合色块过渡不协调的地方；也可使用Oil Smear画笔，用扫的笔法进行色块过渡。
4. 新建图层"面包内"，根据光影关系铺色，颜色参考如下。

涂

摆

扫

所用工具

面包

03 \
夹心上色

1. 新建图层 "夹心"，吸取绿色进行上色，涂出大概轮廓，隐藏线稿。

2. 吸取 "取色盘" 图层中的夹心颜色，用揉的笔法画出夹心的亮暗面。

所用工具

夹心

04 \
完善夹心细节

1. 选取比暗面更深的深绿色，在 "夹心" 图层中用点的笔法点出夹心细节。

2. 同样用点的笔法，画出夹心高光，高光颜色可选择浅绿色，而非纯白色。

所用工具

夹心

结合上一节的碱水面包与本节的内容，大家可以试着举一反三，画一画南瓜夹心棒。

六、牛油果

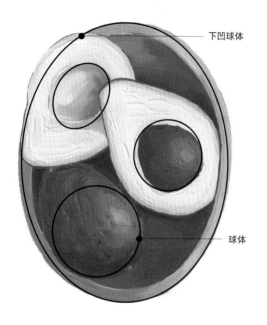

下凹球体

球体

01 \

画面解析

1. 完整的牛油果与牛油果核都可看作球体, 根据球体上色规律上色即可; 无核的半边牛油果与木质椭圆碗为下凹球体, 上色时主要考虑阴影遮挡关系与球体上色规律。

2. 在绘制线稿时, 使用【椭圆】工具, 快速勾勒出形态。

所用工具

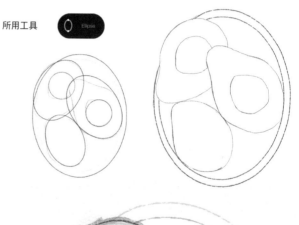

02 \

基础铺色

1. 新建图层 "取色盘", 规划颜色梯度。

2. 新建图层 "牛油果", 用涂的笔法画出牛油果果肉色块。此幅画中光源在右上角, 上色时注意阴影遮挡关系。

牛油果

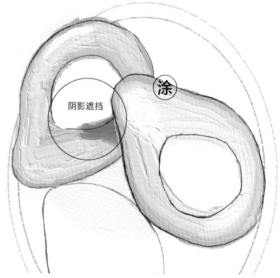

阴影遮挡

涂

03 \

果核与无核上色

1. 用摆的笔法，按颜色梯度画出牛油果无核区域。

2. 使用 Oil Smear 画笔工具，用刷的笔法融合色块。

3. 在无核牛油果的凹陷边缘上端，可用白色铅笔画细线提亮。

4. 新建图层"牛油果核"，依据球体上色规律对牛油果核进行上色。颜色规划参考如下。

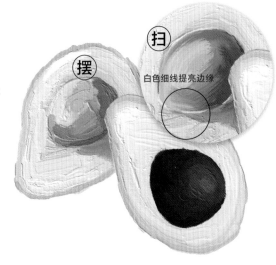

摆　扫

白色细线提亮边缘

果核

所用工具　Oil Paint　Oil Smear

04 \

牛油果皮上色

1. 新建图层"完整牛油果"，依据球体上色规律对牛油果皮上色。

2. 用点的笔法，用深绿色在牛油果皮暗部画出不规则点状短曲线。

3. 使用 Oil Smear 画笔轻轻擦抹部分短曲线，使得部分短曲线边缘虚化，与底色融合更自然。

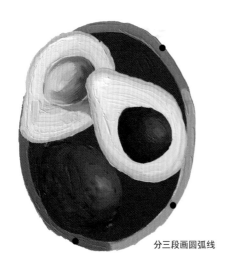

分三段画圆弧线

05 \

木碗上色

1. 新建图层"木碗"与"木碗边缘",并将这两个图层置于所有图层之下。

2. 根据光影关系,用褐色铺出木碗基本的颜色。注意木碗边缘颜色较亮,用明度较高的褐色分三段画圆弧线段铺色,圆弧尽量不间断,一笔画成。

3. 在木碗边缘色块相接处,用扫的笔法融合色块。

4. 在"木碗"图层中,用深褐色在牛油果下方的木碗部分画出投影,并用揉的笔法使其与底色相互融合过渡。

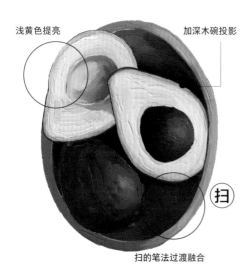

浅黄色提亮

加深木碗投影

扫

扫的笔法过渡融合

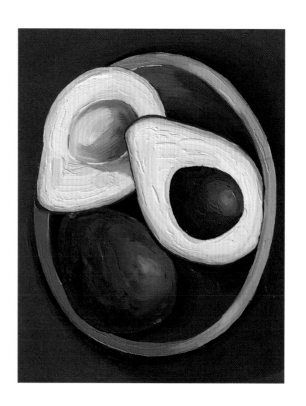

七、煎鸡蛋

光

01 \
画面解析

1. 画面构图是一个正俯视图,所以在上色时,不用考虑太多的透视关系;使用【圆形】工具画出三个同心圆,大小关系如下图。用【直线】工具画出对称的手柄。

2. 调低图层透明度,新建图层"草图2",根据基础形状使用【铅笔】工具勾勒出草图。

所用工具

02 \
鸡蛋上色

1. 新建图层"蛋黄",确定光源位置(右上方);用"摆"的笔法画出蛋黄亮暗面。

2. 新建图层"蛋白"。选取乳白色,用涂的笔法给蛋白铺色。

3. 用浅黄色在蛋白上画出蛋白煎熟的部分。

4. 继续用饱和度更高的浅黄色在蛋黄的暗面(左侧)加深蛋白区域。

所用工具

蛋白

蛋黄

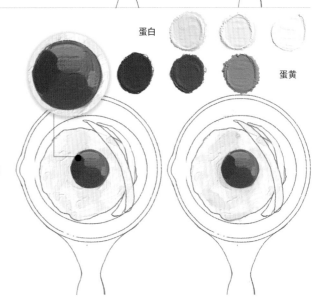

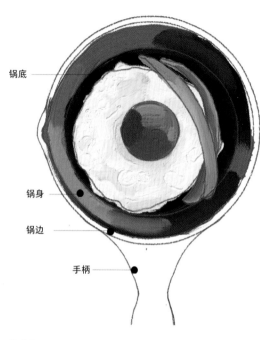

锅底

锅身

锅边

手柄

03 \

锅和芦笋上色

1. 给锅上色时，将其分为四个部分，分别为锅底、锅身、锅边以及手柄。新建四个图层，依次对应这四个部分。

2. 选取深灰色用涂的笔法铺满锅底；此处的灰色为整个画面最深的颜色。

3. 锅身部分，亮面为浅灰色，背光面为深灰色，右深左浅。

4. 新建两个图层："芦笋1""芦笋2"，用涂的笔法分别画出两个芦笋的亮暗面。

所用工具

04 \

手柄与锅边上色

1. 为锅边画上亮暗面：右浅左深。

2. 手柄上色时，可把手柄看作变形的圆柱体，按照圆柱体上色规律上色。

3. 色块过渡不自然的地方，可用扫的笔法过渡融合。

4. 锅的取色参考如下。

所用工具

锅

05 \

锅身反光上色

1. 新建图层"反光"，用Oil Smear画笔在锅身的亮面刷出反光。

2. 用线的笔法，勾出锅边细节。

所用工具

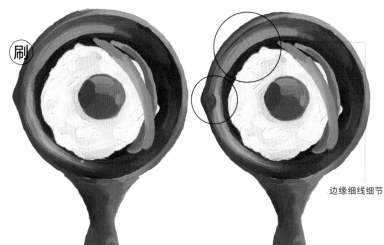

边缘细线细节

06 \

完善鸡蛋细节

1. 完善鸡蛋细节。在"蛋白"图层中选取3~4处边缘，画出蛋白被煎至金黄部分。此处金黄内侧边缘应向内与原蛋白色融合。

2. 用乳白色在蛋黄上点缀高光；注意高光的特点：外虚内实。在这里可以适当调节画笔的透明度，来表现虚的部分；通过多次相同位置的叠加表现实的部分。画笔参数参考如下。

所用工具

Size	Opacity	Flow	Grain	Load
23 %	46 %	99 %	100 %	100 %

【1】　　　　　　　　【2】　　　　　　　　【3】

07 \
完善芦笋细节

1. 按照对称原则，分两次进行绘制；第一次，选择颜色较深的绿色依次排列上色；第二次，选择较浅的绿色在芦笋上进行点缀。

2. 吸取深绿色，在芦笋上画出相互遮挡的投影关系。

所用工具　　

08 \
完善画面

1. 新建图层"高光"。用线的笔法，沿着锅边亮面提亮。

2. 在锅底处，由于有油，也会有较为明显的高光。用线与点的笔法，少量多次地画出高光。

3. 新建图层"胡椒"，调小画笔，用点的笔法画出胡椒。

所用工具　　

点的时候，也需要注意胡椒是大小不一、不规律分布的。

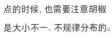

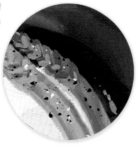

八、彩椒烤肉串

01 \

画面解析

1. 绘制线稿时，可将肉串看作一个个相互叠加的长方体，用辅助工具在"草图1"图层上画出长方体基本位置。

2. 调低"草图1"图层透明度，新建图层"草图2"，根据基础形状使用【铅笔】工具勾勒出草图。

所用工具

肉块凸起

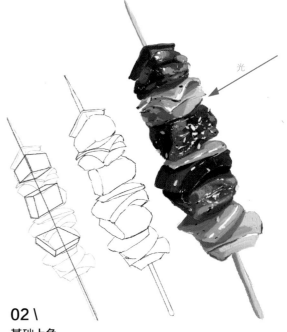

光

02 \

基础上色

1. 可为每一块彩椒与肉块都新建一个图层，在每一个图层中用涂的笔法铺色，画出每一块彩椒与肉块的整体亮暗面。

2. 在"肉块"图层中，画出亮暗面中肉凸起的部分。（**注意亮暗面凸起部分颜色选择的不同。**）

所用工具

红椒

肉块

03 \

细节刻画

1. 在"彩椒"图层中,画出彩椒亮暗面。(注意彩椒之间相互遮挡的投影以及暗面颜色较深。)

2. 在"肉块"图层中,加深肉块暗部并提亮肉块凸起部分,色块连接处,用揉的笔法与底色相互融合过渡。

所用工具

黄椒

04 \

完善高光与点缀

1. 新建图层"高光",调小画笔尺寸,为肉串整体画上高光。(高光特点:点状细线为主,肉块中部集中点缀。)

2. 新建图层"黑胡椒",用点的笔法分散、不规则地画于肉串上。

3. 新建图层"芝麻",调小画笔,画出芝麻基本形态。(此处要注意的是,暗面与亮面的芝麻所选颜色不同,且应画出芝麻的投影。)

所用工具

青椒

第3章

画些好吃的

随着绘制难度的提升，我们会发现物体上色的方法并不完全遵照之前所提到的上色
规律，这是由于不同的食物材质会产生不同的纹理效果，如奶油、酥皮、果酱等，所以
在这一章中重点介绍不同食材的画法与其在不同场景下的表现形式。

樱桃奶油蛋糕

巧克力蛋糕切块

拿破仑起酥

水果蛋糕

西柚柠檬杧果蛋糕

培根鸡蛋可颂

一、樱桃奶油蛋糕

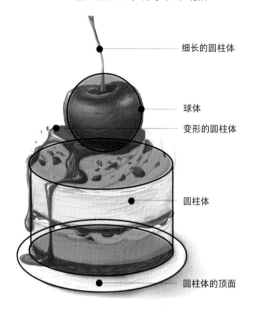

细长的圆柱体

球体

变形的圆柱体

圆柱体

圆柱体的顶面

01 \

画面解析

1. 从基本形状来看,可以把蛋糕看成一个简单的圆柱体,把樱桃看作一个微变形的球体。

2. 用辅助工具画出基本轮廓;新建图层"线稿",在原有形状基础上画出蛋糕线稿的细节。

所用工具

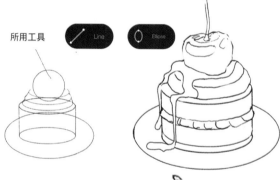

02 \

基础铺色

1. 新建图层"取色盘",结合物体与光影亮暗面,为画面做一个大致的颜色规划。

2. 新建5个图层:"蛋糕""樱桃""巧克力酱""奶油""果酱",即每一个单体一个图层。

3. 在各图层中,根据光影规律依次用涂的笔法上色,在色块衔接处可用揉的笔法使其过渡自然。

光

03 \

完善画面

1. 隐藏线稿。使用【橡皮】工具对色块边缘毛糙或超出边缘的部分进行修整。

2. 在"樱桃"图层中，用摆的笔法完善过渡面。(**注意颜色梯度**)

3. 新建图层"奶油1"，把此图层放置在"果酱"图层之下。

4. 使用 Emboss 画笔在果酱上画出夹层中的奶油。

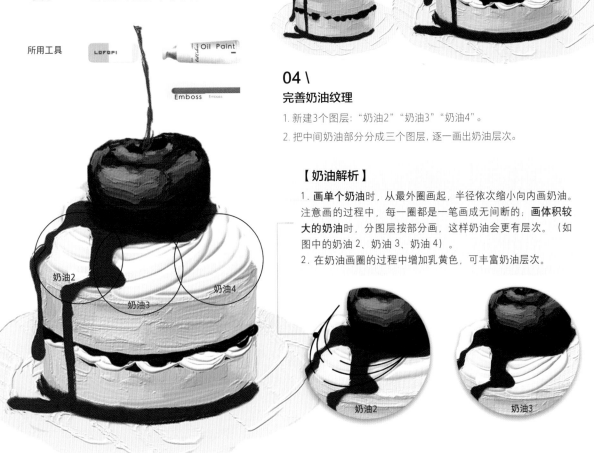

所用工具

摆

04 \

完善奶油纹理

1. 新建3个图层："奶油2""奶油3""奶油4"。

2. 把中间奶油部分分成三个图层，逐一画出奶油层次。

【奶油解析】

1. **画单个奶油**时，从最外圈画起，半径依次缩小向内画奶油。注意画的过程中，每一圈都是一笔画成无间断的；**画体积较大的奶油**时，分图层按部分画，这样奶油会更有层次。(如图中的奶油2、奶油3、奶油4)。

2. 在奶油画圈的过程中增加乳黄色，可丰富奶油层次。

奶油2

奶油3

奶油4

奶油2

奶油3

05 \

丰富细节

1. 新建图层"奶油5",选择乳黄色(如左图所示)对奶油继续细化。

2. 使用Oil Paint画笔提亮樱桃高光。(**注意高光与亮部色彩的过渡。**)

3. 新建图层"碎粒";在奶油上随意添加一些细小色块。(**注意碎粒的亮暗面同样也需要表现出来。**)

所用工具

06 \

完善果酱与细节

1. 新建图层"高光"。

2. 果酱、巧克力酱的反光明显,确定光源位置后(右上方),用线的笔法勾出高光位置。

3. 完善盘子。使用【椭圆形】与【橡皮】工具,将盘子修整规整。

4. 新建图层"投影",在盘子、巧克力酱、果酱下等位置画上投影,色块连接处用揉的笔法与底色相互融合。

【巧克力酱、果酱绘法解析】

在画巧克力酱和果酱时,最关键的就是高光的绘制,把它分为两种类型来讲解。

竖状流下来的巧克力酱: 在光源一侧,用细线画上高光。

溢出来／流淌拐角处的果酱: 根据弯曲的弧度适当加粗高光;形状特点为两端细、中间粗。

二、巧克力蛋糕切块

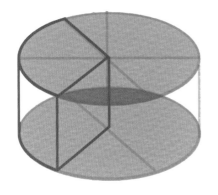

画面解析

将巧克力梦龙切块看作圆柱体的1/4；草图起形时，可先将圆柱体用【椭圆形】工具画出后，再进行分块切割，得到1/4蛋糕块。

所用工具　　

02 \
基础铺色

1. 新建图层"取色盘"，结合物体与光影亮暗面，为画面做一个大致的颜色规划。

2. 新建3个图层"蛋糕胚""巧克力酱顶""巧克力酱侧"；根据光影关系，用涂的笔法依次画出亮面、暗面、灰面。

所用工具

1/4圆柱体

圆柱体

03 \

蛋糕胚与巧克力酱上色

1. 在"蛋糕胚"图层中，用较深的褐色画出蛋糕夹心，并用揉的笔法使夹心与底色过渡融合。

2. 在"巧克力酱侧"图层中画出流下的巧克力酱（**巧克力酱下端形态类似于水滴状，可用【橡皮】工具进行修饰**）。

3. 继续完善巧克力酱细节，加深暗部与提亮亮部（**可以参考上一节中巧克力酱的具体画法**）。

所用工具

巧克力酱下端形态:

水滴状

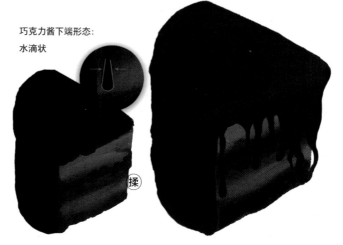

揉

04 \

添加坚果碎

1. 新建图层"坚果碎"，用褐色画出形状大小不一的色块。

2. 在"巧克力酱顶"图层中，用深褐色添加坚果碎投影，并用揉的笔法使投影与底色过渡融合。

3. 添加坚果碎细节。画出坚果碎亮暗面后，用【铅笔】工具点缀细节。

所用工具

05 \

完善蛋糕纹理

在"蛋糕胚"图层上，新建一个图层"蛋糕纹理"；调节Oil Paint画笔的Grain
参数，参数参考如下，用浅褐色画出纹理效果。

所用工具

【纹理绘制解析】

值得注意的是，此画笔参数
同时还用于增加笔触的方
法，它们之间的区别如下。
蛋糕纹理：需要新建图层和
吸取其他颜色。
增加笔触：同图层、同颜色。

06 \

完善高光

1. 合并"巧克力酱顶"和"巧克力酱侧"图层，在整合图层中提亮整体巧克力
酱亮部。

2. 用浅褐色画出高光，并在高光边缘用揉的笔法使其与底色融合。（高光提
亮的方法可参考上一节中果酱的画法）。

图层参考

所用工具

举一反三，按照下图步骤试一试画圆柱体的巧克力棒吧。

07 \

丰富画面

1. 画出巧克力棒后，可将巧克力棒图层合并。

（合并后，更方便整体调整巧克力棒形状与方向。）

2. 复制、粘贴、旋转巧克力棒，相互叠加并放置于合适的位置上。（两个巧克力棒之间的叠加部分需画出投影。）

3. 可以自由发挥，加上一些叶子、盘子等，丰富画面。

（所加的物体，都需要考虑相互之间的阴影遮挡关系，并添加投影。）

所用工具

Oil Paint

合并图层：选中图层后出现合并按钮

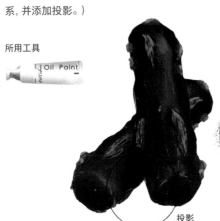

投影

三、拿破仑起酥

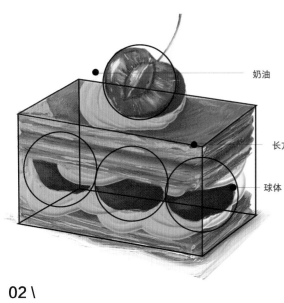

奶油

长方体

球体

01 \
画面解析

可将起酥看作一个截为上下两半的长方体；下半部分是我们之前所画过的樱桃与奶油。借助辅助工具画出物体基本形状后，再勾勒出详细轮廓。

所用工具　　 Line　　 Ellipse

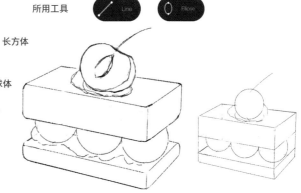

02 \
基础铺色

1. 新建图层"取色盘"，结合物体与光影亮暗面，为画面做一个大致的颜色规划。

2. 新建5个图层："樱桃上""樱桃下""起酥上""起酥下""奶油"，即每一个单体一个图层。

3. 分别在各图层中，用涂的笔法给整体上色。（**注意长方体亮暗面的颜色变化。**）

所用工具　 Oil Paint

樱桃

起酥

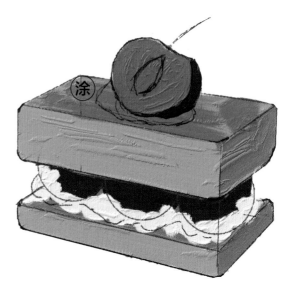

涂

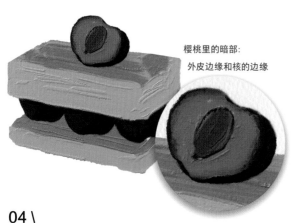

樱桃里的暗部:

外皮边缘和核的边缘

03 \

修整边缘

1. 隐藏线稿,用【橡皮】工具修整边缘。(起酥边缘不需要修整太平整,以毛躁、不规整的边缘表现起酥的脆酥。)

2. 分别在"樱桃1""樱桃2"图层中,加深樱桃的暗部。

所用工具

04 \

起酥上色

1. 选取"取色盘"中较亮的颜色,在起酥亮面画线;由于线相对较宽,将线的边缘与底色用揉的笔法融合。

2. 同样,选取"取色盘"中较暗的颜色,在起酥暗面用线的笔法增加层次。

所用工具

05 \

添加奶油

新建3个图层,分别在樱桃下与夹层中添加奶油。(可以在前文查看奶油的画法与要点)。

所用工具

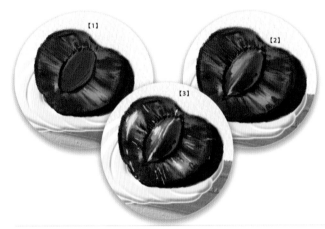

06 \

完善樱桃细节

1. 吸取浅黄色，用线的笔法在樱桃内画短线。（**短线方向应从核向外发散。**）

2. 加深樱桃与核的暗部。

3. 新建图层"高光1"，以细线的方式添加樱桃与核的高光。

07 \

完善起酥亮面细节

添加细节让起酥显得层次更丰富。在"取色盘"图层选取深色，以线的笔法画出起酥亮面的层次，在线的边缘用揉的笔法与底色相互融合。反复多次添加层次。（**这里的线可以使用【直线】辅助工具画。**）

所用工具

【起酥绘法解析】

类似于起酥、可颂等多层的食物，关键是将层次感体现出来，大体可以总结为以下 2 个步骤。

1. 用长且宽的色块让起酥有一个大致的颜色区分，这个过程中，尽量将色块边缘与底色相互融合。

2. 增强起酥表面凹凸感。用亮色细线在上面画上不规律的短线（此时并不需要揉的笔法），凸显出来的色块会让画面富有立体感。

08 \
完善起酥暗面细节

1. 起酥亮面的细节添加完后, 用同样的步骤完善暗面
细节 (注: 暗面的整体颜色要比亮面的颜色深许多。)

2. 此时画面可能由于揉的次数多, 而缺乏油画质感, 我们可以
调小Oil Paint的Grain值, 在同图层中增加笔触。

增加笔触纹理
笔刷参数参考

09 \
完善画面

1. 提亮起酥。添加浅色、长短不一的线。

2. 完善画面细节。加上纸垫、樱桃秆、投影等。

3. 用【橡皮】工具将起酥的边缘修整为锯齿状, 这样起
酥层次会更真实。

锯齿状边缘

樱桃秆

四、水果蛋糕

拉长的圆柱体

球体

长方体

画面解析

1. 画面主体由蛋糕、樱桃以及草莓碎构成，其基本形态可看作长方体、球体以及切面长方体的组合。

2. 画草莓碎时，可能会较为复杂，其实画出每一块的位置，分清果肉及外皮，用同样的方式重复上色即可。

所用工具　　／ Line　　○ Ellipse

切面长方体

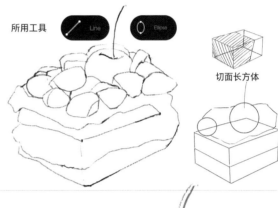

02 \

基础铺色

1. 新建图层"樱桃"与"草莓"，在各图层中用涂的笔法快速上色。

2. 确认光源位置（右上方），用深红色在"樱桃"图层画出樱桃的暗面。

3. 可新建"取色盘"图层，进行颜色规划。草莓与樱桃颜色规划如下图。

涂

03 \
水果上色

1. 优化亮面与前排草莓细节, 结合光影规律画出亮暗面。

2. 这里要特别注意刻画草莓的边缘与草莓内部果肉的纹理; 草莓内部果肉颜色较亮, 堆叠的下层果肉颜色较暗。

3. 草莓内部果肉纹理呈放射状向外发散, 所以在色彩融合时, 用揉的笔法按同一方向进行融合。

所用工具

04 \
蛋糕奶油上色

1. 新建图层 "蛋糕胚" 与 "奶油"。注意两图层顺序。

2. 明确长方体的亮面与暗面, 上色时注意亮面、暗面的颜色表现。

【暗面颜色参考】   　　【亮面颜色参考】

05 \
完善樱桃秆与投影

1. 新建图层 "樱桃秆", 用线的笔法画出秆。(**秆的形状为中间细两头粗。**)

2. 在 "蛋糕胚" 图层中, 用褐色画出蛋糕被奶油遮挡的投影部分。

所用工具

奶油投影

06 \

绘制草莓酱与奶油

1. 用灰度较高的暗红色在"奶油"图层中画出草莓酱,用揉的笔法使色块边缘与底色融合自然。

2. 用不同明度的红色,继续细化草莓酱细节。(**注意:这里的草莓酱是从蛋糕内部流出来的,所以暗部颜色要深。**)

3. 用白色,以摆的笔法在奶油亮面提亮。白色边缘与底色相互融合过渡。

所用工具

07 \

草莓酱细节完善

用点、线的笔法细化草莓酱暗部,继续增强草莓酱层次感。

所用工具

08 \

整体细节完善

1. 在第2章草莓练习中，重点强调了草莓籽的画法（**草莓籽+环状高光**）。

2. 用线的笔法或用白色铅笔，画出樱桃与草莓内部果肉的高光。（**形状特点：间断与弯曲的线段。**）

3. 在"樱桃秆"图层中，用深绿色画出秆的暗面，在这里可以开启【剪贴蒙版】工具防止画出边缘。

4. 用深褐色画出樱桃秆头部与尾部，使得整个秆的形态更生动。

所用工具

图层参考

草莓籽细节

五、西柚柠檬杞果蛋糕

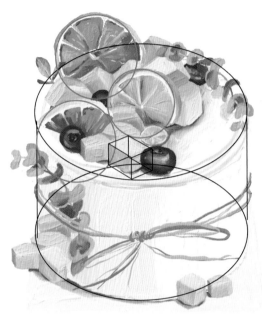

01 \

画面解析

1. 蛋糕主体为圆柱体。光源位置为右侧，按照圆柱体上色规律上色即可。

2. 这幅画的难点是水果较多。仔细观察会发现，水果都是一些基础的简单形态：杞果块——正方体；柠檬片——圆形；蓝莓——球体。

3. 用辅助工具在"草图1"图层中画出基本形状，调低图层透明度后，新建"草图2"图层，用【铅笔】工具勾出具体轮廓。

所用工具

02 \

基础铺色

1. 新建图层，为每一个单体都创建一个图层。

2. 用涂的笔法快速上色；注意蛋糕的颜色变化。

3. 可新建"取色盘"图层，进行颜色规划。杞果与蛋糕颜色规划如下图。

每一个小立方体都是独立的，
每一个都有亮暗面

04 \
柠檬片、西柚片上色

1. 在"柠檬片"图层中，用短线的方式，画出放射状的柠檬片的果肉，如图【1】所示。短线色彩交替排列，色彩参考柠檬片色盘。

2. 同理，在"西柚片"图层中用上述方法画出西柚片果肉。这里需要注意的是：西柚前方被蓝莓遮挡，所以要画出此部分的投影，如图【2】所示。

3. 新建图层"脉络"，吸取淡黄色并调小画笔，画出西柚、柠檬片的脉络。（沿圆弧向内扫笔。）

柠檬片

脉络是倒三角，尖端
向中心发散消失

03 \
杞果上色

吸取"取色盘"图层中的杞果颜色，画出杞果块的亮暗面。（参考正方体上色规律进行上色。）

所用工具

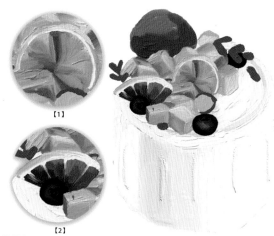

【1】

【2】

05 \
西柚片上色

1. 以同样的方式给每一片西柚片上色。（注意画脉络时，每一块果肉间距并不是相同的。）

2. 每一条脉络不是简单的一条直线，而是靠近果皮端较大且呈倒三角形，三角形尖端向果肉中心发散消失。

3. 用线的笔法画出果皮。

所用工具

06 \

完善细节与叶片

1. 继续完善西柚片细节，用浅橙色细线突出西柚片果肉；加深
西柚片暗部。
2. 画出尤加利叶子。（注意这种叶子的特点：对称且形圆，呈爱
心状。）
3. 用线的笔法沿中心线画出弧形枝干。

所用工具

对称叶片

07 \

完善画面

1. 提亮蓝莓亮部。
2. 用 Emboss 画笔在"蛋糕"图层中画上一圈奶油；如奶油效果不
明显可调小画笔，再次添加奶油层次。
3. 在"蛋糕"图层中，吸取棕褐色，用揉的笔法画出水果投影，并与
底色相融合。
4. 调小画笔，新建图层"绑带"，用线的笔法，沿蛋糕侧面画出细
线绑带。（注意细线不要断，一气呵成。）

所用工具

【复制粘贴工具】

在很多时候，时常会遇到一些重复的画面元素，在光源关系影响不大的前提下，可以通过复制粘贴＋简单修改的方式增加元素。如本次案例中的蓝莓、叶子与杜果。

简单修改：擦除、添加、镜像等。

复制与粘贴工具：打开图层中的最下方。

08 \

完善画面

1. 复制粘贴放大"尤加利"图层，并使用【镜像】工具制作出对称叶子，放置于"绑带"图层之下。

2. 同理，复制粘贴"杜果"图层，移动到蛋糕下端，选取合适的杜果块进行装饰，多余的杜果块用【橡皮】工具擦除。

3. 新建"底盘"图层，用涂的笔法快速铺出托盘，并在蛋糕左下方添加投影。

所用工具

六、培根鸡蛋可颂

01 \
画面解析

1. 可将整个可颂看作一个45度倾斜的椭圆球体，用【椭圆形】工具先画出椭圆，并确定椭圆横竖两条中线位置。

2. 沿椭圆长中线画出切开的两半可颂边缘。（**注意：切开边缘由于透视关系，离中线的距离外长里短。**）

所用工具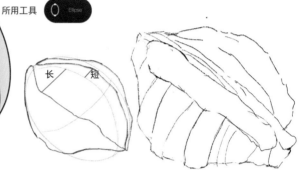

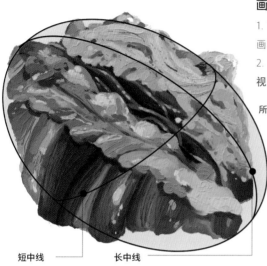

短中线　　　　　　　长中线

02 \

可颂酥皮铺色

1. 新建图层"可颂酥皮"。

2. 可颂表面会因烘焙的程度不同，呈现出不同的色彩，所以在这里，我们以线稿中的每个凸起为单位，画出凸起的亮暗面。（**可将凸起看作变形的长方体。**）

3. 新建"取色盘"图层，进行简单颜色规划，可颂酥皮取色如下图。

所用工具

可颂酥皮　

03 \

可颂内部铺色

1. 新建图层, 每一个色块一个图层, 置于"可颂酥皮"图层之上。
2. 用涂的笔法快速铺色。
3. 隐藏线稿。
4. 图层关系及顺序参考右图。

涂

外侧菜叶

培根

鸡蛋

内侧菜叶

可颂酥皮

图层参考

04 \

生菜内部上色

1. 用摆的笔法在"外侧菜叶"图层中画出菜叶亮暗面, 用三种不同深浅的绿色交替上色。(**注意: 下端为生菜秆, 颜色较浅。**)
2. 为了画出折叠的两片叶子, 在上色时, 上下两片叶子分开摆笔, 这样会产生一条较为清晰的分界线。
3. 沿着分界线, 用线的笔法, 画出菜叶脉络。

每一片叶片为一个单元,
分三个颜色层次, 由下到
上过渡

分界线

摆

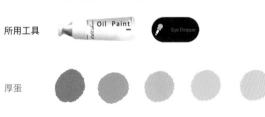

(线)

05 \

培根上色

1. 新建图层"培根层次"，吸取明度较高的浅红褐色，用线的笔法勾勒出每一块培根的边缘。

2. 同样以线的笔法，用深红褐色勾出培根内侧阴影部分。

3. 颜色参考如下图。

所用工具

培根

06 \

完善细节与厚蛋

1. 在培根深褐色部分，用揉的笔法将其与底色相互融合。**（注意：每一片培根为单元，晕染融合时要注意每一块的边界。）**

2. 吸取淡粉色用短细线的方式，提亮培根亮部。**（线段特点：间断不连续。）**

3. 修饰厚蛋的边缘区域，用点的笔法，不规则地点出大小不一、色彩不一的边缘。色彩参考如下。

所用工具

厚蛋

以每一片培根为单元，暗部晕染过渡，并提亮边缘

07 \

完善芝士与菜叶

1. 选取淡黄色,用线的笔法画出弧线。(弧线特点:相互堆叠且堆叠紧凑。)中间可适当加深黄色,增强芝士层次感。

2. 在"内侧菜叶"图层中,用摆的笔法,画出菜叶光影细节与遮挡关系。

所用工具

08 \

完善画面

1. 新建图层"高光",按不同色系添加高光。

2. 用【铅笔】工具,吸取深棕色,在可颂暗部画出流畅的细线,增强可颂层次感。

3. 同样用【铅笔】工具或调小画笔尺寸,用点的笔法在厚蛋上画上细碎胡椒。

所用工具

【高光小贴士】

1. 高光未必是纯白色的,而是根据不同物体色系来决定高光颜色。比如在这个案例中,生菜的高光便是明度较高的绿色。通俗来讲,就是往白色中添加了少许绿色的颜色。

2. 在表现高光时,也会有色彩明度梯度的过渡。所以让高光表现不突兀的方法就是:依次按明度变化 2~3 次地叠加高光。

细线层次感

第4章

画些好喝的

这一章中主要汇集的都是日常饮品的绘制，分别总结了冰块、珍珠、冰激凌、沙冰等
绘制的方法。大家可以用这些方法，记录日常生活中所遇到的其他好喝好看的饮品。

青提柠檬气泡水

樱桃冰块朗姆酒

抹茶拿铁

厚蛋糕阿华田

桃桃冰

多肉葡萄

一、青提柠檬气泡水

圆角正方体

压扁的圆柱体

变形圆柱体

球体

球体

01 \

画面解析

1. 从大体形状来看，杯子的外形主要由圆柱体与球体构成；而内部的柠檬片与冰块可以看成压扁的圆柱体与圆角正方体。

2. 在"草图1"图层中用辅助工具画出基本形态后，调低透明度再用【铅笔】工具在"草图2"图层中，画出具体的形状。

所用工具

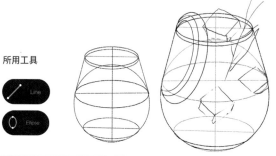

02 \

基础铺色

1. 新建图层"取色盘"，为画面做一个大致的颜色规划。

2. 新建图层"杯子底色"，在此图层上根据颜色梯度依次用涂的笔法上色，在色块衔接处可用揉的笔法使其过渡自然。

所用工具

黄绿色作为同类色系，搭配舒服耐看。

03\
底色上色

1. 新建图层"叶子"，用单色简单画出叶子的形状。（调节参数Size，调节画笔粗细。）

2. 新建图层"柠檬1""柠檬2""柠檬3"，依次画出柠檬外皮、内皮和果肉。

3. 使用【橡皮】工具修整边缘。

所用工具

04\
果肉上色

1. 新建图层"青提1"，在杯子底部用摆的方式，画出青提的亮部与暗部。(杯中的果肉有一个大致色块轮廓即可。)

2. 用揉的笔法过渡亮面与暗面边缘。

所用工具

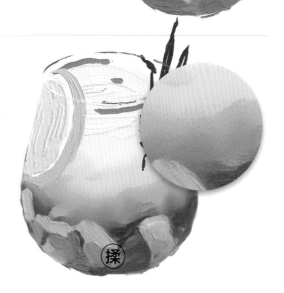

05\
完善果肉与气泡纹理

1. 回到"杯子底色"图层中，用深绿色加深该层果肉颜色。

2. 使用擦笔工具Tissue Blender按垂直方向过渡色块。（这个过程中，颜料厚度被打薄，色彩晕染相对自然，衔接处会产生气泡纹理。）

所用工具

图层参考

06\
冰块上色

1. 新建图层"冰块",画出冰块大致轮廓。(不同方向的正方体结构。)
2. 使用擦笔工具Tissue Blender将冰块边缘向内轻微过渡。

所用工具

07\
细节添加

1. 分别在"柠檬3"与"叶子"图层中添加亮暗面。
2. 添加过程中,用揉的笔法过渡色块。(可开启【剪贴蒙版】工具,防止色彩超出边缘。)
3. 新建图层"水",选择深绿色,用线的笔法勾出边缘。(水面的边缘位置往往是对比最强烈的位置。)

【冰块绘法解析】

1. 由于冰块半透明性质,受周围物体颜色的影响,冰块色彩由深绿色和白色构成,两色之间对比度强,过渡效果弱。
2. 饮料里的冰块可以虚化表现,用白色细线勾勒出边框后,用擦笔工具轻微过渡内部边缘,使其与饮料背景颜色相互融合。

线

4. 在"叶子"图层中,用擦笔工具Tissue Blender在水中叶子部分的边缘擦拭过渡,形成气泡效果。

所用工具

08\
添加投影

1. 确定光源位置为左上方，则投影添加在右下方。

2. 葡萄投影与球体投影类似，由深色过渡到浅色，并与背景相融合。

3. 杯子投影：用白色与深绿色按条状铺色后，使用Oil Smear画笔融合过渡并勾勒出水纹状投影。

所用工具

09\
增强立体感

可以将杯子的图层合并，使用Callgraphy Smooth画笔对画面暗部区域进行涂抹。

所用工具 **Callgraphy Smooth**
Callgraphy Smooth

【技巧小贴士】

同图层叠加颜色时，怕画出边缘？
开启【剪贴蒙版】工具后，画笔就只会在原有图层上加色。

 剪贴蒙版

铺完色后，边缘总是不规整？
新手通常不能适应笔的压感，铺完色边缘总是呈现锯齿状，常用【橡皮】工具对边缘进行修整。

LQFOPI 橡皮

【杯子投影绘法解析】

由于杯中水与玻璃杯的反光折射，使得杯子投影对比度强且呈一定水纹状。

二、樱桃冰块朗姆酒

01 \

画面解析

1. 画面主要由圆柱体与球体构成；使用【椭圆形】工具与【圆形】工具画出杯子与樱桃的相对位置。

2. 可将杯垫看作压扁的圆柱体，将吸管看作拉长的圆柱体。上色时，根据圆柱体上色规律上色即可。

所用工具

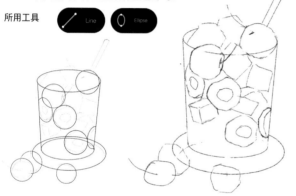

02 \

基础上色

1. 新建图层"取色盘"，结合光影，对樱桃与汽水做一个大致的颜色规划。

2. 新建图层"朗姆酒"，按颜色梯度依次铺色，其中下层为樱桃果肉，颜色较深。

汽水

樱桃

拉长的圆柱体

圆柱体

压扁的圆柱体

球体

光

素材源于：小红书博主　ImEva

03 \

樱桃铺色

1. 新建几个图层，每一个樱桃可单独对应一个图层。

2. 结合光源的位置，分别用涂的笔法给樱桃、杯垫快速铺色。

所用工具

04 \

冰块上色

1. 由于冰块半透明的特性，部分冰块颜色与汽水颜色需要融合过渡，所以在画冰块时，直接在"朗姆酒"图层中绘制即可。

2. 吸取白色，用摆的笔法，在正方体的一个面上色。

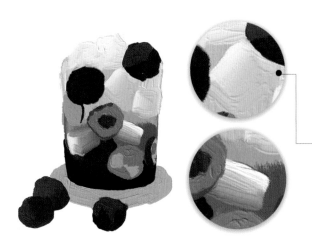

3. 约在白色正方体的中部位置，用浅粉色以揉的笔法将白色与汽水底色融合，形成头部实、尾部虚的状态。

4. 隐藏线稿。

所用工具

【1】 　　　　【2】 　　　　【3】

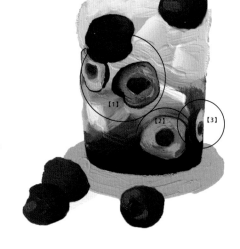

05 \

完善樱桃细节

1. 在多个樱桃图层中，完善樱桃细节。其中在切开樱桃无核的部分颜色较深，需注意颜色梯度变化。

2. 无核樱桃果肉的颜色可参考下图。

3. 完善完整樱桃部分。确定左侧光源位置后，用摆的笔法铺出樱桃亮暗面。

樱桃

06 \

完善杯垫、杯子边缘与樱桃秆

1. 新建图层"杯子边缘"，调小画笔尺寸，用线的笔法沿线稿画杯子边缘。（注意线的颜色变化。）

2. 用白色画杯子底部。（底部上色注意：两头尖而黑，中部宽而白。）

3. 用深棕色画出杯垫暗面，并用揉的笔法使色块与底色相融合。

4. 新建图层"樱桃秆"，用线的笔法画出秆的形状，颜色表现为上浅下深。由于头部分比较细小，只需选取黄色和棕色，交替点缀即可。

所用工具

07 \
完善樱桃

1. 用复制粘贴和修改细节的方式，为每一个樱桃加上樱桃杆。

2. 右侧樱桃的位置较为特殊，一半在水中，一半露在外面。因为光的折射，在水中的樱桃会产生一定变形，在这里分两部进行处理。

（1）沿着本来的樱桃球体下部，向下延伸。

（2）新建图层，以樱桃弧线与杯子弧线为两条边，画三角形，并用浅粉色填充三角形区域。

以樱桃弧线与杯子
弧线为基础画三角形

08 \
细节完善

1. 新建图层"高光"，调小画笔尺寸，在樱桃亮面点上高光；用线的笔法提亮杯子边缘。

2. 用Oil Smear画笔在"高光"图层中，以刷的笔法画出杯子外壁的反光。

3. 新建图层"吸管"，按照圆柱体上色规律上色；在这里可开启【剪贴蒙版】工具，防止颜色融合时超出边缘。

所用工具

杯子外壁反光
刷

注意：冰块上色时，仍然需考虑正方体的三个面，三个面颜色有所区分，才能使冰块更加立体。

几种杯子的画法

画面解析

1. 奶茶杯子的基本形态都是变形的圆柱体，可以先确定中轴线后，用【椭圆形】工具画出右图所示的基本形态。

2. 由于奶茶杯的高度和半径存在差异，所以确定好基础形态后，我们需要根据不同奶茶做出一些形态调整。

> ### 【快速更改透视关系和基本形态】
>
> 由于 Art Set 中没有调节形态的功能，所以面对一些重复形态时，我们可以将其导入 Procreate 中进行调节。同样，这个方法也适用于画面透视不准确时的后期调整。相关工具图例如下所示。
>
> 1. 将画好的基本形态的背景调整为透明图层。
> 2. 将整个图层导入 Procreate 中。
> 3. 使用 Procreate 中的工具进行长宽以及透视的调节。
> 4. 修改完成后，将画面以 PNG 格式保存。（注意 Procreate 的图层底色仍然是透明的。）
> 5. 通过 Art Set 中的导入功能，将修改后的基本形态导入。

所用工具

Art Set

壁纸选项中最后一个为"透明图层"

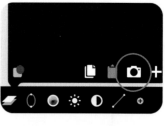

点击相机"导入功能"导入图片 ▲

◀ 分享至Procreate

Procreate

可改变透视及长宽比例

保存为PNG格式

三、抹茶拿铁

01 \

完善线稿

调低"基本形态"图层透明度，新建图层"草图"，根据形状，使用【铅笔】与【橡皮】工具修整轮廓。

所用工具

02 \

基础铺色

1. 新建图层"奶茶底"。在同一图层中，用涂的笔法快速铺色，依次为上层抹茶的绿色、下层牛奶的乳白色以及中间过渡的浅绿色。

2. 继续在"奶茶底"图层中增加绿色层次。

3. 新建图层"杯顶"。用灰度较高的绿色，画出杯顶的圆环。超出边缘部分可以用【橡皮】工具进行修整。

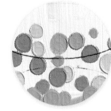

03 \

啵啵上色

1. 新建图层"啵啵"，调大画笔尺寸，用点的笔法画出大小不等的圆形，其中颜色也需要交替变换。

2. 吸取牛奶的乳白色，在"啵啵"图层中用揉的笔法虚化部分圆形。

所用工具

04 \
调整画面细节

1. 可开启【剪贴蒙版】工具，用深棕色在几颗啵啵上进行叠涂并融合，丰富啵啵的层次。

2. 新建图层 "杯子纹路"，用线的笔法画出杯子上的环状条纹；这里要注意线条的颜色变化：右浅左深。

3. 继续在抹茶与牛奶交界处丰富层次。

所用工具

05 \
杯顶上色

1. 新建图层 "杯顶2"。画出顶部封盖与奶茶的接触面。

2. 在接触面边缘，用线的笔法流畅地画出边缘亮部。

所用工具

06 \
细节完善

1. 新建图层 "商标"，将画笔尺寸调小，参照商标进行描摹。

2. 杯顶的商标可以用杯身商标导入Procreate进行透视形变得到。

所用工具

四、厚蛋糕阿华田

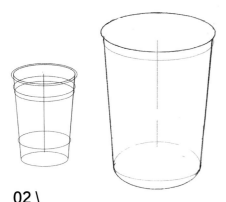

01 \

完善线稿

1. 这款奶茶的杯子相对于一点点的杯子更加矮胖,运用之前介绍的长宽比例、透视修改方法修改基本形态。

2. 调低"基本形态"图层透明度,新建图层"草图",根据形状使用【铅笔】与【橡皮】工具修整出杯子轮廓。

所用工具

02 \

基础铺色

1. 新建图层"奶茶底"。在同一图层中,用涂的笔法快速铺色:上层巧克力的褐色、下层牛奶的乳白色。

2. 继续在"奶茶底"图层中,用摆的笔法,交替颜色上色。

03 \

丰富色块

1. 用乳白色和红棕色在同图层中添加色块,丰富上层沙冰的层次。

2. 用揉的笔法,将上一步添加的颜色与底色进行相互融合。画出阿华田沙冰中掺杂的牛奶。

所用工具

04 \

奶油顶上色

1. 新建图层"奶油顶"，用涂的笔法确定奶油的轮廓。

2. 隐藏线稿。

3. 用波浪线的方式，一层层画出奶油顶。这里的奶油顶可以分图层添加，即每一层奶油一个图层。

所用工具

4. 在相隔的奶油图层中，用颜色梯度不同的乳黄色与底色进行融合叠加。

5. 吸取白色，在奶油顶的右侧进行提亮。

图层参考

奶油提亮

奶油层3

奶油层2

奶油层1

【1】

【2】

【3】

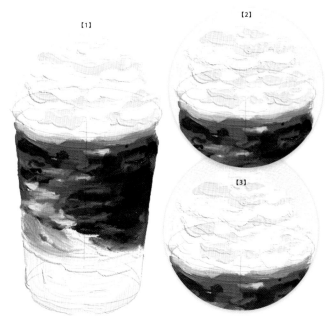

05 \

巧克力碎上色

1. 新建图层"巧克力碎",用红棕色不规律地点缀。

2. 用两个颜色梯度的棕褐色再次点缀色块,加强巧克力碎的层次感。

所用工具

06 \

完善画面

1. 新建图层"杯子边缘",用线的笔法在杯子上沿画出两条平行的圆环,在圆环中间的位置填充颜色(**右边白色,左边褐色**)。

2. 新建图层"商标1"和"商标2",分两个图层对外包装装饰文字进行绘制。

3. 借助辅助工具在"商标1"图层中画出基本的黄色底色,注意色块的融合变化。

4. 在"商标2"图层中用黑色描绘出文字。

所用工具

五、桃桃冰

01\
完善线稿

1. 瑞幸的杯子比例与喜茶的杯子较为一致，沿用喜茶杯子的基本形态，调低该图层透明度。

2. 新建图层"草图"，根据瑞幸杯子的特点，使用【铅笔】工具画出杯子轮廓。

所用工具

02 \
基础铺色

1. 新建图层"桃桃冰"，按光影变化为杯体上色。颜色参考如下图。

2. 新建图层"奶油"，用偏粉的白色在杯子顶部铺色。

所用工具

桃桃冰

【小提示】

注意：在这款奶茶绘制中提到了光影的影响，而前两款奶茶绘制中却没有提到，主要是因为桃桃冰杯内为较单一的果汁，不同于前两款奶茶中有分层、底料、沙冰等。所以在这里有一条规律：

杯内简单——先考虑杯子光影上色；

杯内复杂——先考虑杯内物体层次变化。

03 \

桃子上色

1. 新建图层 "桃子"，将每一个桃子看成一个球体来上色。根据球体上色规律依次铺色。遮挡线稿。

2. 每一个桃子都可以在一个桃子的基础上，通过复制粘贴和简单修改的方式得到。（改动的方法有：桃子缝的位移、圆环位置变化等。）

3. 将五个小桃子依次排列，注意前后的大小变化。

所用工具

按照奶油形状增加在桃子上的投影

04 \

细化奶油

1. 新建图层 "奶油2"，图层位置位于 "桃子" 图层之上。以每个桃子为中心，围绕桃子画奶油。

2. 画奶油的过程分为三步：铺色确定位置—画出亮暗面—白色提亮。（以打圈的方式进行融合。）

3. 根据奶油的形态，注意在 "桃子" 图层中添加相应的奶油投影。

铺色确定位置

画出亮暗面

05 \

绘制商标

新建图层 "商标"，可以用【铅笔】工具对商标进行细致描摹。在这里要注意商标的透视变化，随圆柱体的弧度而变化。

所用工具

白色提亮

六、多肉葡萄

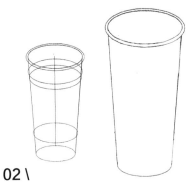

02 \
基础铺色

1. 新建图层"葡萄底"。在同一图层中，用涂的笔法铺色，上层为3~4种不同明度的紫色，下层为绿色。

2. 继续在"葡萄底"图层中，用白色画出与果汁融合的奶盖，在白色的边缘用揉的笔法将其与底色融合。

01 \
完善线稿

1. 多肉葡萄杯身较长，将杯子基本形态导入Procreate进行拉长。

2. 调低"基本形态"图层透明度，新建图层"草图"，根据形状，使用【铅笔】与【橡皮】工具修整出杯子轮廓。

所用工具

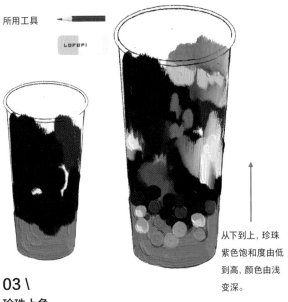

从下到上，珍珠紫色饱和度由低到高，颜色由浅变深。

03 \
珍珠上色

1. 新建图层"珍珠"。调大画笔尺寸，用点的笔法画出大小不一、颜色不同的圆形。（**注意珍珠颜色规律：从下到上，紫色饱和度由低到高，颜色由浅变深。**）

2. 吸取珍珠旁边的果汁色，在"珍珠"图层中用揉的笔法虚化部分圆形，如左图所示。

所用工具 Oil Paint

04 \

冰激凌上色

1. 新建图层"冰激凌"，吸取乳白色用涂的笔法画出冰激凌轮廓。

2. 用浅紫色画出冰激凌上的曲线，曲线边缘与底色相互融合。

3. 吸取白色沿着上一步骤中的纹路，在乳白色曲线上进行提亮，线条流畅，在冰激凌的顶端画出尖细的弯钩。

所用工具

05 \

完善画面

1. 若想要冰激凌更加立体，可使用 Emboss 工具，在转折高光处点缀提亮。

2. 新建图层"杯边"，画出两条平行的圆弧线，注意线的颜色变化：左深右浅。

3. 新建图层"商标"，画出商标。用【橡皮】工具修整画面。

所用工具

第5章

一些器物

_____

这一章总结了6种日常生活中常见的器物的画法。有了这些器物之后，食物就不再是
单体，而可以与这些器物、背景相组合。

笋筐

刀叉勺

瓷具

木具

玻璃杯

金属器皿

一、箩筐

01 \

画面解析

1. 箩筐的基本形态为长方体。新建图层"草图1"，借助辅助工具画出长方体。

2. 调低"草图1"图层透明度。新建图层"草图2"，根据基础形状使用【铅笔】工具勾勒出箩筐草图。

所用工具

02 \

箩筐上色

1. 将箩筐整体分为三个部分：箩筐内、筐外暗面、筐外亮面。

2. 新建图层"底色"，用涂的笔法画出箩筐亮暗面。

3. 新建图层"竹条"，按线稿的格子，斜45度依次画出每一根竹条。（注意竹条颜色的细微变化，并不是单一的同一个色。）

所用工具

箩筐

03 \

细化竹条

用【橡皮】工具擦拭"竹条"图层中相隔的色块,使其呈现出棋盘的效果。

所用工具

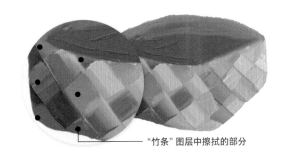

"竹条"图层中擦拭的部分

04 \

添加缝隙

新建图层"缝"。在每个色块四边画线,线的粗细不等,粗线的边缘可以适当地用Oil Smear画笔进行虚化处理。

所用工具

表现出箩筐的厚度

05 \

添加内部竹条

1. 加深箩筐内色块,要注意:加深范围缩小,表现出箩筐厚度。（箩筐厚度从内到外,颜色由深到浅。）

2. 用更深的棕色画出内部纹路。

06 \

完善缝隙

用线的笔法添加内部的缝隙。此处要注意:顶部厚度的缝隙也需要画出,以此形成一个内外相连的箩筐。

所用工具

07 \
细化内部层次

新建图层"内部层次"，依次加深内部每一个色块。(越靠内的格子颜色越深。)

所用工具

外侧皮带

厚度

内侧皮带

08 \
皮带上色

1. 樱桃形态以球体为主，上色时，结合球体上色规律即可。

2. 起形时，借助【圆形】工具确定基本位置与形状后，再细化具体樱桃形态。

所用工具

09 \
丰富画面

可以将之前画的面包导入画面，调节相互之间的前后关系，添加彼此形成的投影。

所用工具

二、刀叉勺

01 \

绘制线稿与基础铺色

1. 画好线稿。

2. 根据不同色块新建图层，并用涂的笔法依次铺色。

3. 隐藏线稿。

02 \

完善画面

1. 可将木质手柄当作圆柱体和球体进行上色，取色参考如下。画的过程中，要注意运笔的方向。

2. 用摆的笔法画出勺的色块变化。

3. 画出刀的光影变化，并用揉的笔法将其与底色相互融合。

所用工具

03 \

完善细节

1. 继续完善细节。用线的笔法加深刀的暗部。

2. 用白色细线画出勺的厚度。

举一反三，大家试着按照图例一画叉子。▶

三、瓷具

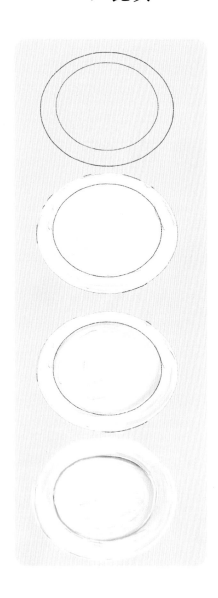

01 \

绘制线稿

用【椭圆形】工具画出两个同心椭圆形。

所用工具

02 \

绘制盘子亮暗面

1. 新建图层"底色"，吸取白色，用涂的笔法铺色，超出边缘的部分用【橡皮】工具进行修饰。

2. 用浅灰色沿内椭圆形画线，并向内晕染，与盘底颜色融合。

3. 由于是白色的盘子，所以整体暗部的颜色都不宜过深；取色参考如下图。

03 \

完善细节

1. 隐藏线稿。

2. 用线的笔法加深内椭圆形边缘，加深范围并不是整个椭圆形，而是将椭圆形分成三段进行处理。这样的处理方式，使得盘子暗部不那么死板。

3. 外椭圆形也需要有细微的颜色变化。用浅灰色在盘子外边缘上色，并与底色相互融合。

所用工具

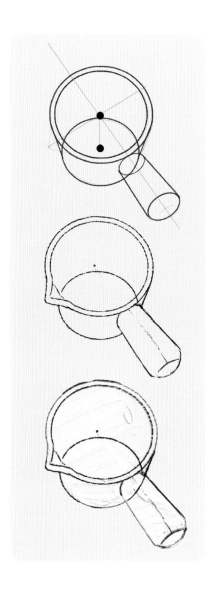

01 \

绘制线稿

1. 奶锅线稿较为复杂,需要考虑透视关系,使用【直线】工具画出X、Y、Z轴。

2. 以轴的原点为圆心,画出两个同心圆;选出Z轴上的点为圆心,画出锅底;X轴与Y轴分别为手柄与锅嘴的方向。

所用工具

02 \

完善线稿

调低图层透明度,新建图层"草图2",根据基础形状使用【铅笔】工具勾勒出草图。

所用工具

03 \

基础铺色

新建图层"底色",吸取白色,用涂的笔法铺色,超出边缘的地方,用【橡皮】工具进行修整。

所用工具

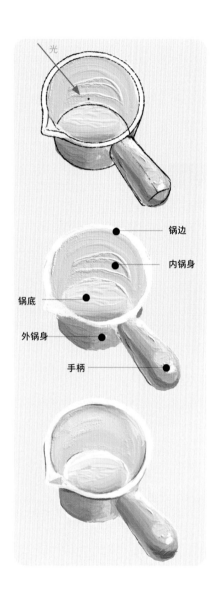

锅边

内锅身

锅底

外锅身

手柄

04 \
分部上色

1. 上色时，将奶锅分为5个部分：锅边、内锅身、外锅身、手柄以及锅底，可以新建5个图层依次上色。

2. **锅边**：锅边与锅嘴一起上色，用白色画出圆环与锅嘴尖端。

  内锅身：用浅灰色上色。

  外锅身：按照圆柱体上色规律上色。此时光源方向为左上方，所以锅下方的颜色较深。

  手柄：可参考圆柱体和球体组合形状上色。

  锅底：由于光源在左上方，光直接照射锅底部，所以底部颜色较浅，浅于内锅身颜色。

所用工具

05 \
完善细节

1. 隐藏线稿。

2. 用【橡皮】工具，修饰画出边缘的部分。

3. 细节完善主要集中在内锅身与锅底。

4. **内锅身**：选择深灰色，在内锅身边缘用线的笔法突出锅身与锅边的明暗交接线。

  锅底：用白色提亮光源照射的亮面，加深下部与锅边相连接部分，中间过渡色块部分用揉的笔法进行融合。

5. 可以用 Oil Smear 画法，在纹理不自然的地方，用扫的笔法适当地减弱 Oil Paint 画笔的笔触。

所用工具

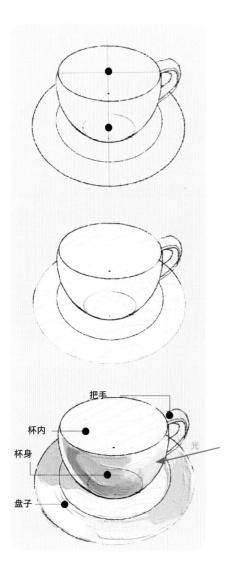

01 \
绘制线稿

1. 咖啡组合件由杯子与盘子组成，其中盘子、杯口与杯底的圆心都在一条垂直线上。用【椭圆形】工具画出基本形态。

2. 调低图层透明度，新建图层"草图2"，根据基础形状使用【铅笔】工具勾勒出杯子具体轮廓。

所用工具　

02 \
基础铺色

新建图层"底色"，吸取白色，用涂的笔法铺色，超出边缘的地方，用【橡皮】工具进行修整。

所用工具　

03 \
画出亮暗面

1. 上色时，分为4个部分：盘子、杯身、杯内以及把手。

2. 确定光源方向，按照光影关系进行铺色，可将杯身部分看作半个球体，按照球体上色规律上色。

所用工具

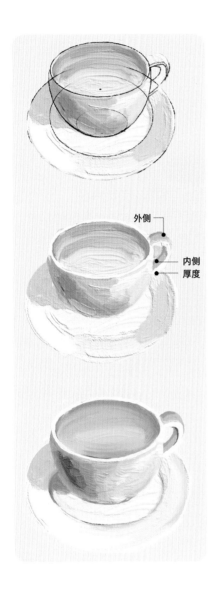

04 \

完善底色

1. 用深灰色加深杯内边缘，并用揉的笔法使其与底色相融合。

2. 隐藏线稿。

所用工具

05 \

分部上色

1. 新建图层"杯边"，吸取白色，在杯边画上白色椭圆形圆环。

2. 把手也可以分为三个部分上色：厚度、外侧以及内侧。

　　厚度: 亮面，用白色上色即可。

　　外侧与内侧: 颜色沿受光方向依次向内加深。

所用工具

06 \

完善画面

1. 用线的笔法加深暗部细节。

　　盘子暗部: 杯子遮挡的背光侧。

　　把手暗部: 把手内侧与厚度的明暗交界线处。

　　杯身暗部: 杯身与盘子接触处。

2. 可以用 Oil Smear 画笔，在纹理不自然的地方，用扫的笔法适当地减弱 Oil Paint画笔的笔触。

所用工具

四、木具

01 \
画面解析

用【直线】或【椭圆形】工具,画出器具基本形态。可将木质方盘看作圆角的长方体。

所用工具

02 \
木质方盘上色

1. 新建两个图层 "木盘上" 与 "木盘侧",用涂的笔法快速铺色。

2. 在 "木盘上" 图层中,按颜色梯度逐一上色。(**上色过程中开启【剪贴蒙版】工具,防止颜色画出边缘。**)

3. 调小画笔尺寸,用浅棕色画出木板边缘的反光。完善手柄处细节。

所用工具

03 \
椭圆木碗上色

1. 新建两个图层"木碗里"与"木碗边"。用涂的笔法在"木碗里"图层中按颜色梯度依次铺色，铺色方向围绕圆心画椭圆。

2. 木碗边颜色浅于内部颜色。

提亮左上侧边缘

04 \
细化边缘

1. 用【橡皮】工具修整边缘。

2. 在"木碗边"图层中，用明度更高的浅棕色提亮左上侧边缘。

所用工具

这些器物都可以当作绘画素材；画好后，可将每一个器物单独保存下来。在画食物的时候可直接用来"装盛"。在第6章中，会主要介绍如何将器物进行组合，使其变成一个完整的画面。

五、玻璃杯

玻璃作为一种特殊的材质，表现方式与一般材质大有不同。

在这里，把它分为两种类型讲解。

① 玻璃杯内部物体较多时：

应该以玻璃杯内部的东西为主，

先画内部，再画环境，最后处理玻璃杯细节。

② 玻璃杯内部简单或为透明水时：

应该以环境内容为主，

先画玻璃杯外部的物件，再处理玻璃杯细节。

下面分别以上面两幅画作为案例讲解。

 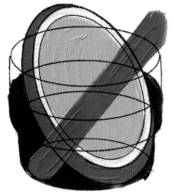 

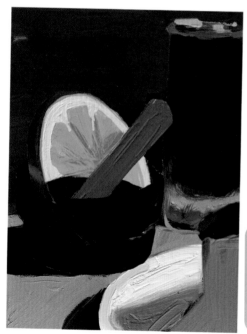

01 \

绘制线稿与基础上色

1. 新建图层"线稿",用辅助工具画出玻璃杯的大致轮廓。

2. 新建5个图层,每一个色块对应一个图层。(注意: 彼此前后关系。)

3. 在相应的图层中,依次画出各物体的亮暗部。

所用工具

02 \

背景上色

新建图层"背景",绘制出背景大致的色块,色块连接处用揉的笔法融合过渡。

【背景解析】

在这幅图中,加入背景,让画面显得更有整体感。画背景时要注意整个画面的虚实关系。

虚实关系:画之前确定哪一个物体是画面主体,应较为细致地绘制主体;而其他的物体和环境有一个大概的色块轮廓就可以了;类似于相机里面的对焦与虚化。

03 \

完善杯子

1. 新建图层"杯子边缘"，调小画笔尺寸，吸取白色用细线画出杯子边缘。

2. 用 Tissue Blender 画笔轻微虚化杯子边缘。

3. 加深红酒中柠檬的颜色。（**红酒中的物体颜色皆为棕红色调，取色参考如下。**）

4. 贴近杯子边缘线处用深褐色画细线。（**此处的线有两个特点：（1）间断不连续；（2）中间粗两头细。**）

5. 选取白色，调低画笔透明度，在杯子左侧画上杯子的反光。参数参考如下。

所用工具

所用工具

04 \

完善画面细节

1. 回到"背景"图层, 用大色块加深背景暗部, 完善背景细节。

2. 背景杯子色块过渡处, 用Oil Smear 画笔以扫的笔法进行色块过渡。

3. 新建图层"高光细节", 调小画笔尺寸, 以线的笔法画上高光。(**高光主要集中在柠檬片、水面边缘以及肉桂上。**)

4. 使用【铅笔】工具, 在肉桂上画出不规则细线, 增加肉桂纹理感。

所用工具　　Oil Smear　　　　　　　　Oil Paint

素材源于: 小红书博主　陈可爱o3o

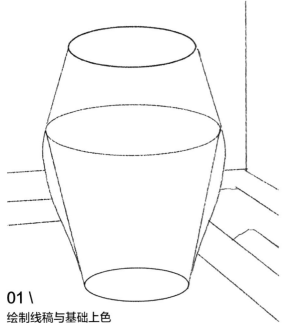

01 \

绘制线稿与基础上色

1. 新建图层 "线稿"，可借用【椭圆形】与【直线】工具画出
玻璃杯的大致轮廓。

2. 新建图层 "背景"，用涂的笔法在各区域上色 。（也可以
多建几个图层分别绘制不同颜色的色块，超出部分用橡皮
清理。）

所用工具

【杯子绘法解析 1】

画完背景后，我们就开始细致地描绘杯子，由于杯子与水
的物理特性，其绘制的方法与一般物体有所不同。将整
个杯子上色拆分为 6 个部分：(1) 杯子边缘；(2) 水面；
(3) 水中，(4) 杯底；(5) 杯壁 ；(6) 投影。通过笔触方向、
笔刷大小以及不同色块区分杯子的不同区域。

杯子边缘
杯壁
水面
水中
投影
杯底

02 \

细化杯子边缘

1. 选取深蓝色，按照线稿的基本形状，用间断的线描出杯子的形态。

2. 用白色线条紧挨着深蓝色线条画出间断的线。

【杯子绘法解析 2 】

通常来说，透明杯子边缘在绘制时有两大规律。

（1）杯子边缘为整个杯子颜色最深的地方。（2）杯子边缘对比度最明显。所以在这个案例中我们用深蓝色与白色确定出杯子的轮廓。

03 \

完善水面与水中

这个部分分为颜色的选取与笔触的方向两个部分来讲解。

1. **颜色的选取**：水中与水面的颜色由环境色和杯子色组成。由于杯子为透明水杯，所以颜色可选与环境色一致的颜色或稍深的类似色。

2. **笔触的方向**：水面的颜色，是由环境色决定的，所以笔触的方向也应是以椭圆形的圆心为中心，向各方向排布。水中笔触方向受到水的折射与环境的影响，以旋转角度将整体环境画于杯中即可。

04 \
完善杯底与投影

1. 选取深绿色与深紫色画出杯子投影。注意: 杯子中仅有半杯水, 所以在画投影的时候, 应空出没有水的那部分区域。

2. **杯底笔触方向**: 杯底玻璃材质较厚, 看不出环境的基本形态, 所以绘制杯底时, 笔触方向以杯子形态为主, 即下部为杯底的椭圆形, 上部为分界的圆弧。**在色彩表现上**, 杯底边缘受到底部投影影响, 颜色较深; 杯底中部受到上部水中颜色影响, 呈现红色与黄色。

所用工具

05 \
细化杯子边缘

画出杯子整体颜色之后, 开始细化杯子边缘。用线的笔法丰富杯口、杯底等部分, 使杯子的每一个部分得以连接。

所用工具

06 \

细化杯壁

杯壁颜色由环境色和玻璃原本色组成; 基于墙壁色加少许白色(明度稍高的颜色), 按照圆柱体上色规律为杯壁铺色。

所用工具

07 \

高光点缀

以杯子的中轴线为基础, 在每一部分的分界处点上高光; 杯底部分由于玻璃材质较厚, 则高光面积较大。

所用工具

六、金属器皿

金属餐具，在不少美式餐厅、西餐厅、甜品店中时常出现。金属作为一种高反光材质，其颜色的表现会受到周围环境的影响。这个案例，将融入背景整体讲解金属器皿的绘制方法。

不锈钢细杆：
颜色过渡范围较小，画出亮面、暗面以及过渡面即可。

不锈钢圆柱体：
大多情况下，依据物体形状的方向，来回画线即可。
颜色选取方面，为满足高反光的材料特性，选取灰度相差较大的三个灰色。辅助色选取与环境色相关的颜色。

不锈钢不规则形状：
在此幅画中，菜单的夹子以及装汉堡的方形盘都不是画面表现的重点，所以在上色表现时，将其处理为磨砂金属材质（**受环境色影响较小**），结合正方体上色规律，进行亮暗面上色即可。

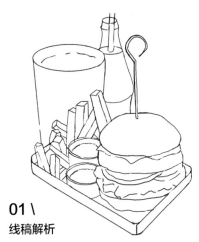

01 \
线稿解析

1. 新建图层"线稿"，可使用辅助工具画出物体的大致轮廓。**（画的过程中，应注意简单的透视规律。）**

2. 每一个食物及餐具，都是由基本形状变形而来的，所以无论是线稿还是上色，遵循基本形状的上色规律即可。

3. 画完基本形状后，新建图层"草图2"，并在基础形状的基础上添加各物体的细节。

所用工具

02 \
基础铺色

1. 单色填色。新建图层，为每一个色相的色块都新建一个图层，注意图层的排布顺序。**（在画面中需表现出薯条丰富的层次，所以画薯条时可多建几个图层"薯条1""薯条2""薯条3"。）**

2. 在这一步中，不必纠结细节，只需要有一个大概的色块位置与正确的图层顺序即可。

3. 隐藏线稿，使用【橡皮】工具修整色块边缘。

所用工具

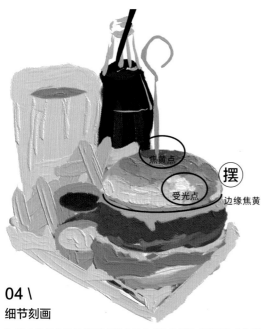

03 \

完善面包细节

1. 在 "面包" 图层中, 由于上色表现受到球体的受光规律与面包表面的焦黄程度的影响, 所以应先明确面包亮暗部及焦黄点区域, 如左图所示。

2. 确定颜色梯度, 并在 "面包" 图层中用摆的笔法依次叠加颜色。

3. 在受光点中心位置, 调小画笔粗细, 通过点的笔法画出高光。

焦黄点

摆

受光点   边缘焦黄

04 \

细节刻画

1. 用【橡皮】工具修整 "芝士片" "牛肉饼" "番茄" "生菜" 图层中的基本形状。

2. 根据上下层的光影遮挡关系, 分别在各图层中刻画细节、添加投影, 并用揉的笔法与底色融合。

【难点解析】

生菜与牛肉饼的绘制是这个步骤中的难点, 但基本的逻辑是相通的。以生菜为例, 分成三个步骤。

1. 修整边缘后, 在 "生菜" 图层中, 通过揉的笔法加深生菜的暗部, 使其与原本的色块相互融合过渡。

2. 选取较亮的绿色作为亮部色彩, 在边缘处绘制云朵状边缘 (在画面中绘制了上下两层生菜)。

3. 用中间色中和上下相邻的过渡不自然的色块。

【1】

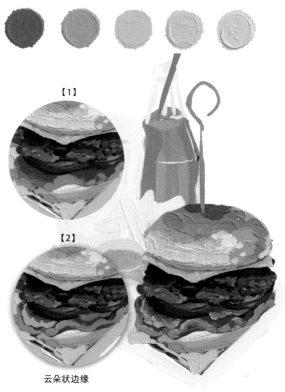

【2】

云朵状边缘

上层

下层

牛肉饼表面呈不规则的颗粒状，上下两面经过煎烤，顶部与底部颜色较深，边缘部分为金黄颗粒的焦黄肉块。

1. 将肉块分为上下两部分完成，基本画法与生菜画法一致。

2. 画出大致形状色块后，用摆的笔法画出亮暗面，并用揉的笔法过渡色块。

3. 选取焦黄色，用点的笔法点缀肉块边缘部分，增加细节与笔触感。

05 \

完善芝士与不锈钢小碗

1. 添加加热后溢出的芝士使汉堡更加诱人。

（具体画法可以参考"果酱"。）

所用工具   Oil Paint

2. 不锈钢小碗：在为不锈钢小碗上色时，将上色步骤拆解为 4 个部分（碗边、里面食材、内壁与外壁），分步上色会更加简单直观。

内壁
碗边

锅内食材

外壁

06 \
不锈钢杯子与薯条上色

1. 用【橡皮】工具修整薯条的边缘,按照正方体的光影规律画出薯条的亮暗面。

2. 从这一步开始,以不锈钢马克杯为例,分步骤介绍不锈钢杯子的具体画法。

3. 新建图层"杯子边""果汁""内壁""外壁"。分别在每一个图层中按形状填色。

暗面　　　　　　　亮面

注意:在步骤 02 中,我们已经将不同层次的薯条分别建了图层,完善三个图层中的薯条亮暗面后,如觉得层次不够丰富,可以直接复制粘贴和更改方向来增加更多的薯条。

07 \
不锈钢杯子上色 1

1. 不锈钢材质的杯子画法与一般材质的圆柱体画法稍有不同,高反光的特性,使杯壁上出现多条明暗交界线(**如图中的①②③**),在"外壁"图层中,选取深灰色画出明暗交界线。

2. 总体来看也需要区分亮面与暗面,在画面中右侧为亮面,左侧为暗面。在进行色块过渡时,②处的深色向左刷,留出右侧较为清晰的明暗交界线。(**融合方向可参照图中箭头。**)③竖向运笔融合的方式可绘制出竖条纹理。(**融合过程中,竖向绘制,一笔完成不间断,与底层颜色融合即可。**)

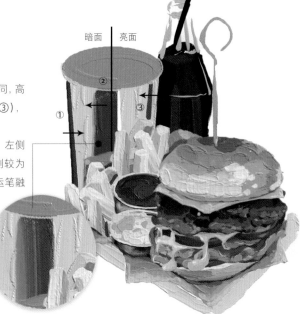

所用工具

08 \
不锈钢杯子上色 2

1. 不锈钢杯子的亮面颜色受到环境色的影响，需添加融合环境色。（颜色应为浅灰色和薯条黄色。）

2. 同理，画出杯子内壁，在"内壁"图层中亮面颜色也会受到环境色影响。（颜色应为浅灰色和果汁色。）

3. 加厚"杯子边"图层中杯子外侧边缘，并用白色提亮反光位置。

> 到这里，不锈钢杯子的上色步骤结束了，大家可以采用同样的方式，试着画一画薯条旁的两个不锈钢小碗。

09 \
汉堡固定杆和不锈钢盘上色

1. 汉堡固定杆：按照右侧亮面、左侧暗面的规律画出色块，并用线的笔法过渡两个颜色。

2. 底部不锈钢盘为磨砂金属材质，按照正方体上色规律绘制即可。（注意需添加牛皮纸的投影。）

所用工具　　

10 \
背景上色

1. 添加背景，注意前后图层关系。

2. 桌面绿色桌板按照正方体上色规律绘制，画完一条纹理后，复制粘贴，按照透视规律排放即可。

所用工具

深绿色投影

11 \
完善投影与玻璃杯

1. 用深绿色画出背光面的投影。（**注意：投影颜色是与桌板颜色同色相的深绿色，而不是黑色或灰色。**）

2. 修整可乐瓶，将颜色调整为与背景色调一致的绿灰色，用线的笔法勾勒出瓶口及瓶身。

（在"玻璃杯"部分讲过玻璃上色时要注意的细节，可以往前回顾。）

投影色　　　桌面暗面　　　桌面亮面

12 \
细化玻璃瓶

1. 使用Oil Smear画笔，用刷的笔法在瓶身亮面画出环境色。

2. 在可乐原本的棕褐色中加深暗面。

3. 新建图层"文字"，画字不熟练的同学，可以直接下载可口可乐的商标，导入画面，直接描摹。（**描摹时要注意文字与可乐瓶透视关系一致。**）

13 \
完善画面

1. 新建图层"高光"，在番茄酱和汉堡等亮面画出白色点状高光。

2. 使用【铅笔】工具，用点的笔法"撒上"汉堡上的芝麻和薯条上的海苔碎。

所用工具　

所用工具　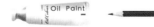

第6章

生活场景

画面中有食物、有器物、有背景，它们以合理的构图方式组合起来，形成日常生活中的美好瞬间。

本章主要介绍如何根据已有的素材，搭建与绘制生活场景的画面。

周末与老友记　　　　　最爱的碱水面包　　　　　与朋友的火锅

一、周末与老友记

在这幅画中，可以看到许多前文画过的元素：食物、瓷具、叉子等。在平时练习时，可以将所画的单体单独保存起来，当作自己的素材。在画面需要它们的时候，运用它们丰富画面。

当要去搭建这个场景的时候，可以去想象早上做饭时想要在自己盘子里加点什么，或是每个让你觉得安逸舒服的时刻，都由什么来组成。

如果这个场景中有你画过的元素，那么：
1．找出来将它们组合；
2．修改它们之间的阴影关系，组成完整的画面。

然而，要注意的是，组合也是有条件的。
1．光源方向基本一致。
2．透视关系基本相同。

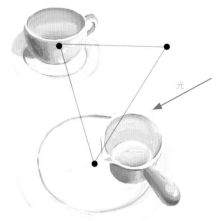

01 \
搭建场景

1. 确定想要搭建的场景的所需物件，用合理的构图方式排布。在这个画面中，用到的是三角构图法。

2. 主要表达的是餐中的食物，所以将盘子放大，并置于画面的核心位置。

3. 检查添加的元素之间的光源方向、透视关系是否基本一致。

02 \
丰富场景

1. 新建2个图层，分别在各图层中画出茶与汤汁；画的过程中用揉的笔法融合颜色。

2. 新建图层"红豆"，画出颜色、大小、方向不一的红豆。（这里注意，中间红豆较为完整，边缘红豆较小且稀疏。）

03 \
绘制贝果与鸡蛋

1. 新建图层"鸡蛋"，画出鸡蛋的色块，色块连接处用揉的笔法融合过渡。

2. 新建图层"贝果下"和"贝果上"，分别用涂的笔法画出大概形状与基本颜色。

3. 在"鸡蛋"图层中，画出蛋黄光影变化。

所用工具

04 \

贝果细化

1. 贝果的形态可看为扁平的圆管, 确定受光点后按色阶向两侧铺色。取色范围可参考下图。(受光点在画中有两处, 如图【2】。)

2. 用线的笔法加深贝果凹陷处的暗部, 以及红豆杯的投影。

所用工具

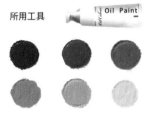

受光点

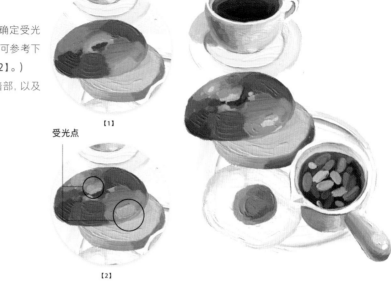

【1】

【2】

05 \

绘制牛油果

1. 新建图层 "牛油果", 用涂的笔法画出大概形状与基本颜色。上色规律参考圆柱体。

2. 将牛油果按照间隔等分, 用【橡皮】工具擦出条纹。

3. 用浅绿色填补擦出来的条纹空隙。

所用工具

【1】　　　　　　【2】　　　　　　【3】

06 \

细化香肠

1. 将香肠看作一个圆柱体进行铺色，颜色参考如下。

2. 新建图层"划痕"，用深红棕色画上三条划痕，用浅红棕色在亮面提亮。

3. 复制粘贴并旋转香肠，使两根香肠上下遮挡，注意加深遮挡的投影部分。

07 \

添加高光与投影

1. 新建图层"红豆高光"，吸取白色，用线的笔法勾出红豆汤的高光，围绕红豆的轮廓画出高光。

2. 用浅黄色添加红豆杯在鸡蛋上产生的投影。

3. 在"盘子"图层中，用浅灰色添加各物体的投影（左侧）。

08 \

细化细节

1. 新建图层"葱花"，用三种不同的绿色在鸡蛋上点缀，葱花的大小不同、分布不规律。

2. 完善蛋黄，高光处可用乳白色进行提亮。

所用工具

09 \

丰富场景

1. 在"茶"图层中用棕黄色贴着杯壁画出茶包,茶包外侧的颜色与底色相互融合过渡。

2. 画出茶包的线和连接的商标纸片;并在"茶杯"图层中,用细线画出盘子上的投影。

3. 将之前画过的叉子导入画面,置于"盘子"图层之下。

4. 新建2个图层"上餐布""下餐布",用涂的笔法画出餐布轮廓。

所用工具

10 \

餐布上色

1. 用黄色在"上餐布""下餐布"图层中添加投影,其投影颜色与底色相互过渡融合。(**这里要注意,下餐布的投影颜色深于上餐布。**)

2. 新建图层"条纹",用灰色画出餐布上的条状纹理。

所用工具

11 \
完善背景 1

新建图层"背景"，用棕色大面积铺色，并用深棕色画出每个物件的投影；两个色块连接处，用揉的笔法融合过渡。（**注意融合时笔刷的方向。**）

所用工具

12 \
完善背景 2

1. 新建图层"画面"，在iPad屏幕上可以自行添加喜欢的电影画面或是喜欢的图片。
2. 新建图层"细节"，选取红棕色在红豆汤中加深暗部。
3. 选取黑色，在贝果上点上芝麻碎。

所用工具

二、最爱的碱水面包

想为这一箩筐的面包搭建一个场景，首先想想这样一筐面包会出现在什么样的地方，这个地方会发生什么样的故事。

初秋的一个早晨，我走在街上，街道弥漫着浓郁的面包香，我顺着香气找到了这家面包坊。面包坊人不多，整个装潢是温暖的木色，店长在为今天的餐食切着面包。我挑了一个靠窗的位置坐下，点了一杯拿铁，看着窗外已经变黄的银杏叶，心想要是能把这一刻留住该多好呀。

在这个故事场景中，有许多与面包相关的物件——拿铁、木质桌椅、窗外的银杏叶、切了一半的面包片……我将这些东西重组，以合理的构图方式展现出来。在这幅画中依然用的是**三角形构图方式**，将拿铁、面包筐以及未切完的面包作为主体，窗边的银杏以及木质的桌台作为背景，详细地展示此刻的画面。

光

01 \
搭建场景

1. 用【铅笔】工具大致画出各物件的基本形态与位置。

2. 导入已有的元素（木板盘、箩筐），导入前应确认光源方向、透视关系是否基本一致。

02 \

吐司面包上色

1. 新建图层"吐司面包"，按照颜色梯度，用涂的笔法为吐司面包铺色。取色范围如下左。

2. 注意加深吐司中部凹陷处，下部分颜色暗于上部分。

3. 丰富面包芯细节，用深紫色点缀上葡萄干粒，注意葡萄干粒周围应画出相应的投影。

所用工具

吐司面包

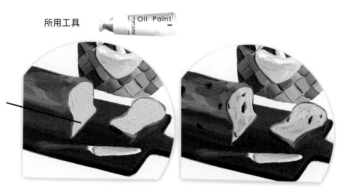

03 \

拿铁解析 1

新建图层"拿铁"，根据线稿，按照色阶为拿铁铺色。

（注意每一块区域的过渡方向应与形态方向一致。）

所用工具

04 \

拿铁解析 2

1. 隐藏线稿,用【橡皮】工具修饰边缘。

2. 用深褐色画出冰块边缘,边缘颜色向内与底色相融合。

3. 用浅色提亮浮在咖啡上的冰块。(冰块特点:过渡效果弱,对比度强。冰块相关画法,可以查看 "青提柠檬气泡水" 进行回顾。)

所用工具

05 \

纸垫上色

1. 在 "拿铁" 图层下新建图层,吸取白色画出方形纸垫。(注意纸垫的形状应符合透视规律。)

2. 在 "纸垫" 图层中用浅褐色画出杯子投影,投影边缘颜色与底色相互融合过渡。

06 \

添加背景

1. 背景是分 "桌面" 与 "墙壁" 两个图层绘制的。选择米黄色,用涂的笔法为桌面上色,用浅褐色在每个物体下添加投影。

2. 在 "墙壁" 图层中,用带有黄调的灰色铺色。(需注意墙壁颜色变化,此处的墙壁并不是单一颜色的色块。)

所用工具

图层参考

	拿铁
	纸垫
	桌面
	毛巾
	椅子
	窗户
	窗外
	墙壁

07 \

完善画面

1. 新建图层"毛巾"和"椅子",为椅子的椅背条上色时可参考圆柱体上色规律。

2. 新建图层"窗户",画出木质窗户的大致形态与亮暗面。在"窗户"图层下面再新建一个"窗外"图层,画出绿色与黄色交替的色块即可,不用太过细致。

三、与朋友的火锅

幸运的是，有一群都爱吃火锅的朋友。

构建一个关于火锅的场景时，回想有哪些元素会出现：辣锅、满桌的涮菜、筷子……把这些你能想到的东西依次罗列出来。这时，你可以上网搜索图片，尽可能地让它们都展示在你的眼前。有了这个过程之后，脑海里所构思的画面形态会更加清晰。将这些画面形态以合理的构图形式展现出来，用铅笔简单在纸面上规划位置。

在这幅画中，主要想突出的是辣锅沸腾的样子，所以这个元素应占画面的大部分。用对角线构图的方式，既可突出主体，也能描绘其他元素的细节，让画面有一种延伸感。

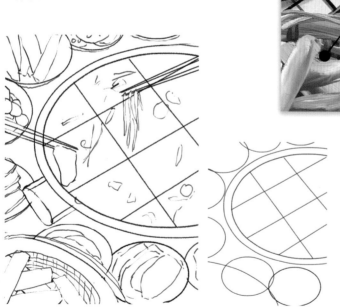

01 \

绘制线稿

用【椭圆形】工具，规划出画面基本构图。

所用工具

02 \

火锅上色

1. 新建图层"锅",用不同灰度的灰色画出锅边、锅内壁、把手等。

2. 新建图层"红油锅底",为了表现沸腾的锅底,将红色的红油画到锅边,沸腾的泡泡画在中部,整体上色规律为外围深、中间浅。取色范围如下图所示。

3. 新建图层"九宫格"(这里画的是12宫格),可以借助【直线】工具画上格子,注意格子的亮暗面,用两个灰度的灰色表现即可。

4. 新建图层"辣椒"与"花椒",用深红色画出辣椒的形状,用深棕色点缀出花椒。(**辣椒、花椒仍然被沸腾的泡泡挤开,所以基本分布在锅边。**)

所用工具

红油锅底

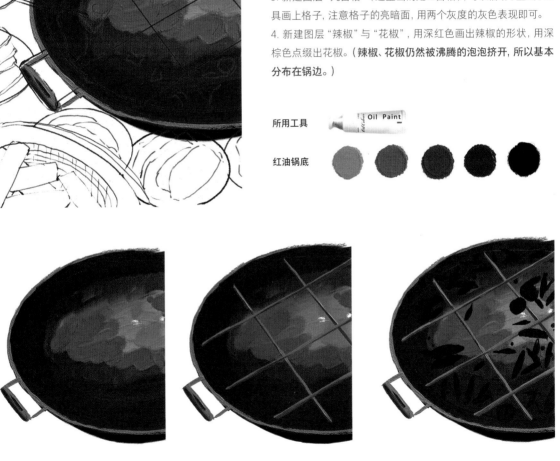

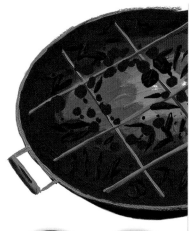

03 \

丰富画面

1. 在"辣椒"图层中,用正红色以线的笔法画出辣椒表面褶皱。

2. 在"花椒"图层中,继续点上不同颜色、不同大小的花椒。新建图层"佐料",画上葱段与姜块,用两个色表现出各物体亮暗面。

3. 新建图层"泡泡",外围泡泡为红色,越靠内颜色越偏橘。将内围泡泡的颜色与原火锅底料颜色用揉的笔法相互融合过渡,过渡融合以打圈的方式进行。

4. 新建图层"筷子",将筷子看为圆柱体进行上色。用线的笔法分别画出筷子上夹的鸭肠与肉片,肉片上色步骤可参考下图。

所用工具

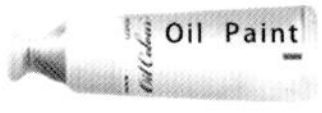

04 \
竹筐上色

1.新建四个图层"竹筐横条""竹筐竖条""顶部横条""顶部竖条"。

2.用中黄色与土黄色分别在对应的图层中画出对应形状,如图【1】所示。

3.用稍亮的土黄色,画出竹筐竖条与横条的厚度。

4.用【橡皮】工具,在"竹筐横条"图层中,按竹筐编织格纹擦出间隔,如图【2】所示。

5.新建图层"竹条",用线的笔法勾画出竹条未编织的部分;画好后,复制粘贴三次,旋转调整形状,如图【3】所示。

所用工具

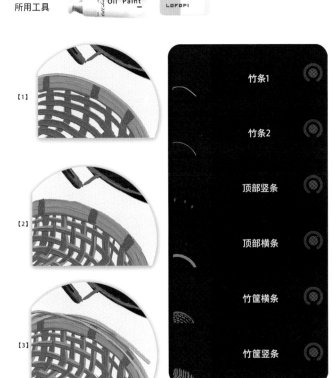

【1】

【2】

【3】

05 \
小土碗上色

1.新建图层"小土碗",按棕色色阶依次上色。由于还要在碗里添加菜品,这里的绘制不用太过仔细,有大致轮廓就行。

2.复制粘贴7个小碗,旋转移动,围绕火锅排布。

所用工具

06 \

丰富画面

1. 为每一个碗画上菜品。以腰片为例，新建图层 "腰片"，简单地画出腰片的形态，用线的笔法画出腰片纹理。

2. 通过复制粘贴和调整，排列出5片叠加的腰片。（**调整：旋转角度和添加投影。**）

3. 在 "腰片" 图层下方新建图层 "生菜"，并以打圈的方式涂出生菜的色块；注意画出腰片在生菜上的投影。

4. 每一种食物的画法都分解成三个基本步骤，一种食物一个图层，通过复制粘贴和调整的方式，组成一碗菜品。

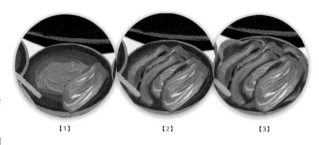

【1】　　　　　【2】　　　　　【3】

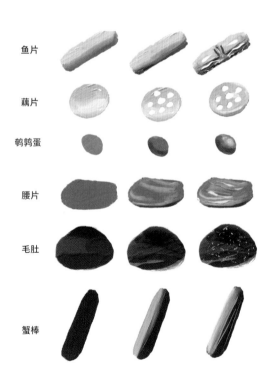

鱼片

藕片

鹌鹑蛋

腰片

毛肚

蟹棒

07 \

完善背景与高光

1. 新建图层"背景"，用涂的笔法给背景大面积铺色，并添加条状花纹与投影。

2. 新建图层"高光"，为整体画面加上高光。（**高光主要集中在沸腾的泡泡以及红油反光上。其中红油的反光可以用【铅笔】工具画出极细的线条表示。**）

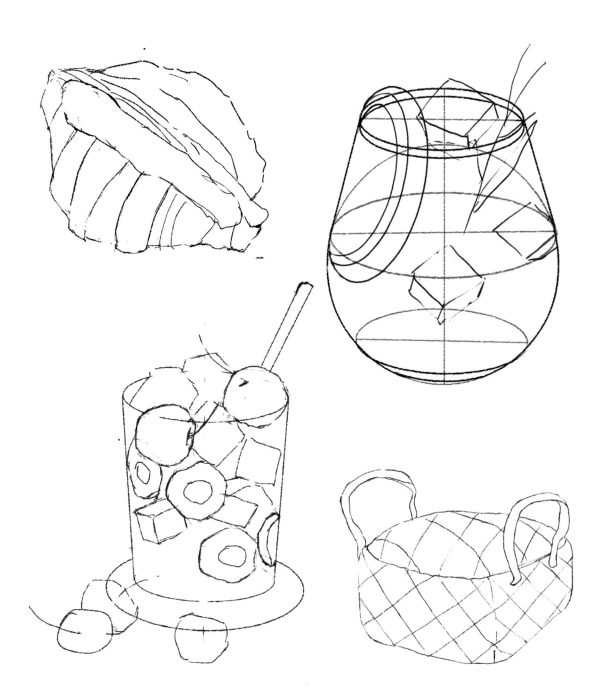